我的第一本
科学漫画书
儿童 **百问百答** 45

SOS
生存科学

版权合同登记号 14-2016-0105

图书在版编目 (CIP) 数据

SOS 生存科学 / (韩) 权燦好文；(韩) 车炫珍图；王雨婷译 .
-- 南昌：二十一世纪出版社集团，2018.6（2023.12 重印）
（我的第一本科学漫画书 . 儿童百问百答；45）
ISBN 978-7-5568-2688-9

Ⅰ . ① S… Ⅱ . ①权… ②车… ③王… Ⅲ . ①生命科学 – 少儿读物
Ⅳ . ① Q1-0

中国版本图书馆 CIP 数据核字（2018）第 093200 号

我的第一本科学漫画书·儿童百问百答 45

SOS 生存科学

SOS SHENGCUN KEXUE 　［韩］权燦好 / 文　　［韩］车炫珍 / 图　　王雨婷 / 译

出 版 人	刘凯军
责任编辑	聂韫慈
美术编辑	陈思达
出版发行	二十一世纪出版社集团
	（江西省南昌市子安路 75 号　330025）
网　　址	www.21cccc.com
承　　印	江西宏达彩印有限公司
开　　本	720 mm × 960 mm　1/16
印　　张	11.25
版　　次	2018 年 6 月第 1 版
印　　次	2023 年 12 月第 10 次印刷
书　　号	ISBN 978-7-5568-2688-9
定　　价	30.00 元

赣版权登字 -04-2018-176　　　版权所有，侵权必究

购买本社图书，如有问题请联系我们：扫描封底二维码进入官方服务号。

服务电话：0791-86512056（工作时间可拨打）；服务邮箱：21sjcbs@21cccc.com。

看趣味问答，进入妙趣横生的科学世界！

编辑部的话

　　科学是人类认识世界、改造世界的工具。我们可以利用科学去了解世界的基本规律和原理。随着人类的发展，科技突飞猛进，很多人们过去不了解的事情都慢慢得到答案。这就是科学的力量。当然，这必须感谢一代又一代的科学家的不懈努力，是他们引领我们获取科学知识，告诉我们怎样去探索世界。科学探索，首先要具备丰富的知识、敏锐的观察力；其次还需要好学上进的探索精神；最后，还需要一点点好奇心，当你开始去问"为什么"的时候，可能就是你探索世界的开始。

　　在我们的生活中，一个个奇怪又有趣的日常小问题看似简单，其中却常常隐藏着并不简单的科学原理。只要稍微留心一下平时那些容易忽视的事物，我们可能就会得到新的收获。

　　本书以"百问百答"的形式，提出了许多有趣的科学问题，从科学的角度为孩子们普及天文、地理、数学、物理、化学、生物等学科知识，展示出一个丰富多彩的科学世界。这套书不仅能充分调动孩子们的好奇心，还能鼓励和培养孩子们勇于探索的科学精神。好了，现在就让我们跟着书里的小主人公，一起走进广阔的科学世界，去感受科学的奇妙吧！

二十一世纪出版社集团
"儿童百问百答"编辑部

露营里的生存科学

荒地里的生存科学

生存科学小妙招

出场人物

罗奉九

拥有"全国小朋友放屁大王"的称号，是传说中的放屁小子。在和旺仔结伴出行的旅途中，虽然屡次遇险，但是却能在险境中一边积累各种科学生存技能，一边成功逃离险境。

旺 仔

来自仙女座星系的小不点儿外星人。虽然能够通过各种生存技能克服危机，但偶尔也有横冲直撞的时候，成功入围"最调皮外星人"候选人。

原住民　奉九舅舅　精灵迪罗　孤岛老人　僵尸们

魔鬼娃娃　外星人　人鱼大叔

露营里的
生存科学

为什么将帐篷搭在河边很危险?

哇哈哈哈哈!终于等到了期盼已久的露营!就让我们赶紧和大自然融为一体吧!

为了买帐篷,我连觉都没睡好,熬夜兼职来着,呜呜……

啊,真是感动……

呼呼

呃!旺仔!风越来越大了!

啊?

哗 哗

啊——快躲开,奉九!

咔!

啊！我刚搭好的新帐篷……喂！你不是说搭在树底下能挡风吗？！

我……看来这棵树是外表正常，但里面已经烂掉了！

为了避免帐篷被吹走才将帐篷搭在树旁边，现在全完了！呜呜——

早知道应该先确认一下树的状态……对不起。

哇！看着就很凉快的风景！

这次搭建帐篷的场地我很满意呢！嘿嘿！

嗯，搭建在河边还能方便取水呢。

一边听着流水声一边吃面，实在是太美妙了！

这在城市里是绝对体验不到的。吧唧吧唧……

啊，今天过得真不错！

奉九啊，晚安。

呼噜噜　呼噜

喂！

喂！

喂！

妈呀，是谁？

快醒醒！现在可不是高枕无忧的时候！

啊！因为连夜暴雨，河里涨水了！

啊啊啊！水就要漫过来了！

哗 哗 哗

难以置信！刚刚我们睡觉之前还是虫子满天飞的晴朗天气来着……

哗啦啦

山里的天气总是变化无常的！所以你们任何时候都不能掉以轻心！

你们在来野营之前，就应该搞清楚在哪里搭建帐篷才是安全的嘛！

离水源近的地方难道不是个好场所吗？

离水源近的地方当然不错。但是如果像你们这样直接将帐篷搭建在河边的话，如果突降暴雨，帐篷很可能在一瞬间就被雨水冲走，很危险，而且……

如果将帐篷搭在悬崖峭壁下的话，就有可能会遭遇落石或泥石流的袭击，所以不能将帐篷搭在悬崖峭壁下。

咕噜噜

如果帐篷四周有树木，一定要反复检查确认树木是否空心或主干已经腐烂，不然它们不但起不到挡风的作用，还容易被大风刮倒造成危险。

将帐篷搭在风口，不仅会感觉到寒冷，而且还有帐篷被刮跑的风险。

嗖

只有将帐篷搭在地势较高的地方，才能减少在下雨的时候帐篷被淹的风险。

路灯下面会有很多虫子飞来飞去，所以路灯下面也不是一个好的选择。

如果帐篷搭在 50 米范围内有水源的地方，相对来说既方便又安全。

最重要的是，在搭帐篷之前，我们必须确认搭建地点不会受到洪水和强风的冲击。

谢谢，你怎么知道这么多啊？

嘿嘿，因为我……

就在去年的今天，我也在河边搭建帐篷并突遇暴雨，结果人和帐篷一起被冲入河中再也没上来……

滴 滴 滴

啊——是谁啊？！

那么，我要出题了！请写出不能在河边搭建帐篷的原因。

本来是来露营的，结果却要考试？

搭建帐篷的安全地点

我们在搭建帐篷时，一定要避开那些可能会因为突降暴雨而引发洪水的地区。选择没有碎石子的平坦地面搭建帐篷，才能更好地休息。在帐篷的周围挖一条浅浅的水沟，可以帮助雨水通过水沟快速排走。此外，最好选择地势较高的地方搭建帐篷，减少积水的风险。

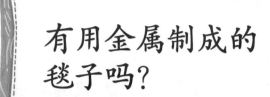

有用金属制成的毯子吗？

出大事了！我们和小伙伴们走散了！

天哪！

都跟你说了在登山的时候不要跑来跑去，不要离前面的人太远！

我还不是为了去找你，谁让你说去厕所，结果不知道跑到哪里去了？！

呃呃……现在该怎么办啊？我们都不认识路……

嗯？

啊啊！太阳要下山了！

天哪！太阳落得真快。

呜呜！怎么感觉和冬天一样冷啊？

呼啦啦

我都要被冻住了！

对了！你之前不是看过一本叫作《遇险生存要领》的书吗？

这个时候应该怎么办呢？

我读过这本书吗？我怎么不记得呢？

咣当

呜呜呜……越来越冷了！

这样下去我们会不会被冻死啊？

瑟瑟发抖

呼啦啦

呜呜！我还有好多美食没吃过，现在死实在是太不值了！

真是不让人省心的家伙！秋天跑到这昼夜温差巨大的山里来，居然不做任何准备！

哇啊！我们得救了！

咦？那里有登山客！

给，一人拿一个。

哦！

然后，像这样打开。

唰

啦

啊啊！

这就是神奇的"紧急救生毯"！这种毯子表面覆了一层铝膜，除了能防风、防晒、防水，还有很强的保温作用，在我们遇险的时候，它能起到很大的作用。

像这样用它来搭建避难所，可以遮风挡雨。

它还能反射炙热的阳光，阻挡紫外线。

此外，它易于撕开，可以临时将它制成围巾、手套、袜子等应急物品。

在野外遇险时，失温 * 是最常见也最可怕的情况之一，如果随身携带救生毯，能大大提高生存概率。

哇！像这样把脸也挡起来，真的暖和多了！

谢谢你，叔叔！

* 失温过低：人体热量流失大于补给，从而造成人体核心区温度降低。

喀……喀!

啊!万万没想到会发生这样的状况!

啊!快救救我的毯子!

嗖

喂!

野外生存必备的救生毯

紧急救生毯轻巧便携,有很强的防水性和防风性,表层覆有铝膜,既能阻隔紫外线,又能防止身体热量散失,从而起到隔热保温的作用。同时,良好的反光性使它可以作为理想的反光警示标识,还能代替镜子反射阳光发出求救信号,是国际通用的紧急救生必备品。

用一张防水布能变出一顶帐篷？

变身！

防水布

什么啊？

怎么一个人都没有啊？

奉九和旺仔怎么还没来啊？都已经过去1小时了……

奉九和旺仔不是去拿垫在帐篷里的防水布了吗？

那个……旺仔……

怎么了？

我们好像走错路了！

呃呃……我不听！我不听！我不要听这么残忍的话！

帐篷和食材等物品，都在敏浩、甲秀和浩泰那里……

啊！那我们得一直饿着吗？

呼 呼

呜呜呜！好冷啊！风一吹体感温度瞬间下降了。

而且太阳正在下山，过不了多久，黑漆漆的夜晚就会到来！

刚才天气明明还很晴朗的，现在却乌云密布！

这种情况下如果再下雨，我们就真的完蛋了！

我们……说不定……

会上报纸头条的! 哇!

日报

野营途中遇险

因体温过低而死亡

因冲击和恐怖而失神

真是大事啊! 大事!

不要气馁! 越是危急关头越要打起精神啊!

发火

这个……明明是你自己先慌了神!

我们现在搭建一个紧急避难所吧! 先将防水布铺在地上, 然后在中间放一块石头……

嗒

用防水布包住石头, 再用一根长绳的一头将其扎紧。

将绳子搭在树枝上, 把防水布悬挂起来。

另一头绑在树干上, 并调节好防水布悬挂的高度……

将防水布拖在地上的边沿分散开, 并用石头压住几个角固定, 一个简易的帐篷就搭好了。

然后再在里面的地上铺上树叶, 这样就能起到防潮和保温的效果。

我把树叶都捡过来了。

你都搭好可以遮风挡雨的帐篷了，还发抖啊？

呼，话说……

这里有两个人呢！啊啊！！

嘻嘻嘻

我要去吃祭祀的食物了，要不要一起啊?

装扮成鬼的模样。

哈……哈……我们减肥……

在野外搭建避难所

如果在野外遇到突发情况需要临时搭建避难所，先要在相对安全的区域找一块平地，铺上厚厚的树叶，然后在中间牢牢打上一根木桩，找一些粗壮的树枝架在木桩四周，形成伞形，再用树叶或杂草塞满缝隙。这样，一个临时避难所就搭建完成啦。

有没有防水火柴？

我觉得……好像不是这条路呢。

我也觉得……路越来越崎岖了，好奇怪啊！

美娜啊，这里的地面很潮湿，石头也很滑，所以你要小心……咦？

啊啊啊！美娜不见了！！

滑

天哪！是不是被外星人绑架了啊？

啊——我摔下来了！呜呜……

啊啊！美娜！

呜呜……

她不仅受伤了，体温也在急剧下降呢！

还好我们有足够的饮用水，应该可以支撑到救援队到来吧？

不行！

当我们遇险时，相比补水，保持体温更为重要。

人类在缺水的情况下可以坚持3天左右，但是，如果人的体温下降了的话，连3个小时都很难支撑。

天哪！才3个小时？

我们现在必须赶紧生火，然后告诉救援队我们现在所在的位置，同时帮助美娜维持体温。

刺啦

啊！

啊！你在干什么？！

唰啦啦

火柴都掉到水里浸湿了！现在我们完蛋了，呜呜……

呼呼呼……现在放弃还太早，朋友。

这个火柴是即使掉到了水里还能点着的神奇魔术火柴。

咦？它明明都已经被水浸湿了，怎么会……

我们在户外使用火柴时，经常会遇到火柴受潮之后无法点着的情况。这个时候，我们就需要准备一些即使被水浸湿了也可以点着的防水火柴。防水火柴是沾取蜡液，使蜡液附着在火柴上之后凝固而成的。

当我们需要使用火柴的时候，只需要将附着在火柴外壳的蜡液刮除就能点着火了。

而当柴火受潮后不容易点着的时候，我们只需要将提前准备好的报纸揉搓成报纸棒便可。

哦哦，好温暖。

呼啦啦啦

啊！是救援直升机！

万岁！终于得救了！

第二天

哗啦啦

举起手来!

太冤了!我们真的没有玩火啊……

太神奇了!!他们俩都烧出了一个国家地图的模样。

如果不用蜡的话,用指甲油也可以的哦……

啊!我心爱的指甲油!!

效果满分的防水火柴

蜡烛成分中的石蜡具有防水的效果。人们利用这个原理,将火柴头的部分沾取蜡液,使蜡液附着在火柴上之后凝固制成防水火柴。如果能将火柴头以及连接火柴头的一部分火柴杆一起沾取蜡液的话,可以有效防止火柴杆部分由于吸收水分而不容易点燃的现象。

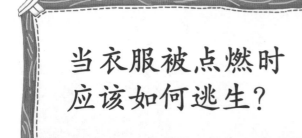

当衣服被点燃时应该如何逃生？

这些树皮、干草、松果和干树叶用作引火物*刚刚好。

用纤细干燥的树枝和大的木块做燃料不错吧？

啊！救命啊！

第3届
生存野营大会

咦，那是什么？

啊！爸爸！

呃，好烫啊！怎……怎么办？呼呼！

天哪！那个叔叔的衣服着火了！

呼啦

* 引火物：在点火时用于引火，使火更容易点着的东西。

叔叔，不要！你这样一直摇晃身体或跳跃的话，火会越烧越旺的！

快点儿躺到地上！

这样吗？

跌坐

现在，用双手遮住脸，然后开始在地上打滚，直到火熄灭为止！速度不要太快，不要慌张，要沉着！

加油！

翻滚

翻滚

翻滚

哎哟，那个小伙子差点儿就没命了呢。

谢谢孩子们。因为你们我才活了下来。

用冷水将烧伤的身体部位进行冷却处理之后，赶紧去医院接受治疗吧。

露营里的生存科学 33

啊！昨天刚从《儿童百问百答 45 SOS 生存科学》上学到的知识，今天立马就用上了呢。

你看完了之后也借我看看。

我去拿锅、鸡蛋和泡面，你赶紧生火吧。

嗯，我会在这里好好准备的。

用干草、树叶、松果和树皮等东西制成引火物之后，

再用纤细干燥的树枝在引火柴外部围成一个圆锥形。将引火柴点着之后，在树枝外围搭上较大的木块便可。

纤细的树枝

石头

大木块

哗哗

啊！完蛋了！

哗啦

啊！旺仔！

快点像刚刚那个叔叔一样，先趴下，然后再用双手遮住脸开始打滚啊！

知道了！

啊！怎么会这样？

怎么办啊？怎么办？

慌慌

张张

喂！你怎么还没开始翻滚啊？

要是你的话，你会在这个地方打滚吗？啊！！

对不起，这里可是我的专用厕所呢……

喀 喀 喀

今天发生的事情你不准说出去。

臭气 熏天

放……放心。呵呵！

野营时的火灾预防工作

在干燥的天气环境下，干枯的树叶和树枝一遇到火就非常容易被点燃。我们在空气干燥的地区露营时，必须得非常注意各类火灾隐患。不要在下风口生火，此外，生火区域方圆3米范围内不得放置任何易燃易爆物品，保持生火区域周围干净整洁。

如何用塑料袋来获得饮用水？

好奇怪啊……这条路明明是近路来着，怎么还没有看到村庄啊？

天哪！之前的传说该不会是真的吧？

什么传说？

据说每年都会有五六个人消失在这片森林里。

住在这片森林里的怪物特意让人迷路后，将人绑架吃了。

喂！你怎么能在这个时候说这个故事呢？！

呃呃，天色渐渐暗了。怎么走都还是在森林里啊。

旺仔，镇定。

只要将有很多树叶的树枝倒置在塑料袋里，然后，空气里的水蒸气就会结成水流到塑料袋里。

太好了！终于有活路了！

哇！！如果在大塑料袋里垫上石子，上面再铺上树叶的话，下面就会聚集很多水分呢。

用棍子撑起塑料袋。

树叶

我也就是试试而已，没想到成功了呢！

水聚集到石头下方。

石子

你们这些家伙！好大的胆子，居然敢闯到这个森林里来！

哐

啊！真的有怪物！

啊！

呵……呵……我现在……要将你们全部绑架走……呵……送往天堂……呵……

咦？怪物的状态好像不太好呢！

啊！求求你们把那水给我喝吧。我已经连续4天没喝一滴水了。

我拿这个宝贝和你们交换，如何？

从植物中提取的水

植物根部所吸收的水分以及无机物通过植物根茎上的导管传导到植物的叶子等其他部位。而植物多出的水分则是通过叶片上的气孔（空气孔）排出，形成水蒸气。这种现象称"蒸散作用"。温度越高，光线越强，蒸散作用越强，外界空气湿度越高或者有风的情况下，蒸散作用越弱。

有没有过了 25 年都不变质的食物？

哈哈哈哈！

舅舅，我们都走了几个小时了！呵……

您该不会迷路了吧?

奇怪。明明只要走过这条路就会出现一个通往村子的洞穴啊……

哎哟，肚子好饿啊。我们还是先填饱肚子吧。

这里面有巧克力、糖果、肉脯、饼干，还有水果干呢。

应急食物

咦?

快给我停下来！

砰

砰

干吗呀？！舅舅……我回去要向妈妈告状！

啊！太过分了！

这个口袋里的食物就如它包装上写的一样是应急食物。当我们在山中迷路，或者是偶遇洪水、地震、泥石流等自然灾害时，在粮食短缺的状况下才能拿出来吃的应急食物！

应急食物

没有发生紧急情况是绝对不能吃这里面的食物的。

如果我们现在就不管三七二十一把应急食物都吃完了，万一以后真的在山里迷路了的话就完蛋了……

怎么可能会发生这种事啊？

就让我们吃一个吧。

找到了！那个山洞好像就是通往村子的捷径。

太好了！让我们赶紧回到宿舍吃饭吧。

咦？这个牌子上的标语……

〈鬼怪洞穴〉只要走进这个洞穴，你一定会后悔的。

露营里的生存科学

我们还是走大路吧，舅舅！牌子上不是写着进去一定会后悔吗？
哈哈！不用害怕，那肯定是有人恶作剧的啦。
天哪！好黑啊。
呃呃，好恐怖……
这个洞穴不错嘛，嘿嘿。
该不会有什么东西会突然跳出来吧？
不……不要说这种话啦！
嘻嘻，没想到你们这么胆小……
嘎吱
嘎吱
啊！那边好像是出口！
呀呼！我们快点儿出去吧！
看吧，我就说没事吧。呵呵……
啊啊啊！
哐

啊！您怎么突然变老了？

啊！你们怎么变成大叔了？

天哪！时间居然就一下子过去了25年！现在是2043年的5月11日！

怎么可能？！

2043 5/11

怎么会这样？！我们只不过在洞穴里待了10分钟，怎么会……

看样子真的是鬼怪洞穴呢！

呜呜！我都说不要进那个洞穴里去了啦！

巴巴

皱皱

妈呀！我们带来的食物和应急食物全都过期腐烂了！

那当然了！都过去25年了……呜呜……

我们的家也变成了久久没有人居住的废屋！

呃呃……现在我们手头上也没有可以吃的食物，完蛋了啦！

哈哈哈！孩子们不用担心。这些应急食物过了25年应该还没有变质！

哇

这世界上哪有这样的食物啊？这位爷爷，您是不是记错了啊？

爷爷？

这些应急食物采用的是将食物急速冷冻，使食物中的水分不经过液体的阶段，直接变成气体挥发的工艺。

这种工艺既能够保持食物中的营养不被破坏，又能有效去除水分，所以我们在保存的时候一定要盖紧盖子，就能保存很长时间。

哦嗬！只要将这些食物泡在热水里，就能迅速变成美味佳肴了。

总共有12小包

应急食品

吧唧

呜呜呜……不过我还是完蛋了啦，谁会嫁给像我这样的老头子啊？

老头子

舅舅……

啊！没错！

如果我们按照反方向再穿过一次洞穴的话，说不定就能回到本来的样子呢！我觉得我简直就是天才！

你们两个，等等我！你们知不知道尊老爱幼啊？

妈呀！怎么一下子年轻了36岁啊?

咚咚

呜啊 呜啊

实际上，如果你在这个洞穴中跑得越快，时间就流逝得越快……嘻嘻。

啊！我这临时也找不到尿布啊，不管了！我还是往反方向跑吧!

才 才

可以长期保存的食物

将食物速冻后置于低压的环境下，食物中的水分直接转换成气体蒸发，这样的现象叫作"升华"。冷冻干燥技术所运用的就是升华的原理，而这种技术主要运用于制造药品和速冻食品的过程中。速冻食物既能保证食物中的营养成分不被破坏，还能长期储存。此外，由于食物中的水分被蒸发，所以重量较轻，携带方便，可以用作应急食物。

如何从蜂群里逃脱?

呼……呼……是不是还很远啊?

你都问了多少遍了!能不能有点儿耐心啊。

本来今天放假,学校不上课,就应该待在家里看看漫画、电影的,真是烦死了!

一来登山就牢骚满腹的……说这么多,嘴巴不累吗?

真的呢!据说不止一个人在这个山里看到过怪物呢。

啊!好可怕啊。亲爱的!我们赶紧下山吧。

啊!我们现在不知不觉就要变成怪物的盘中餐了!

哎哟喂,妈呀!

如果你还总是一边说瞎话一边无理取闹的话,就给我回家去!

还有一点需要警告你，如果看到了马蜂窝千万不要去招惹。据说每年都有人因为被马蜂蜇而导致死亡……

那是什么啊？好像是个大果子呢……

哇，打中了！

啊啊啊！

我还以为是什么好吃的果子呢……

啊！救命啊！杀人的马蜂要来攻击我们了！

啊！完蛋了。这附近也没有可以躲的地方啊！

露营里的生存科学

长得高高的草丛比较安全！草丛可以有效阻挡蜂群的攻击！

而且要最大限度地趴在地上！

啊！我都跑了快50米了，为什么马蜂群还是一直追着我啊？救命啊！

他还不赶紧趴下，在干吗呢？

再往前跑一点儿，前面就有一个水沟！只要躲在水里，马蜂应该不会追过来了吧？

走开啦！

不行！它们会一直在水面上等着你从水里冒出头来的。躲在水里没有效果，还很危险！

妈呀！

喂！这么重要的信息你怎么现在才说啊？呜呜……

啊！你怎么能领着蜂群来这边啊！

感觉危险就会攻击的马蜂

千万不要在靠近马蜂的地方做出躲避或者是挥手等幅度比较大的动作。因为这些动作会让马蜂感觉到威胁。香水或者是化妆品的香味会吸引马蜂，所以在登山的时候最好不要使用。此外，外出的时候尽量穿长袖、长裤。如果遇到马蜂群，千万不要用手拍打和驱赶。

如何从落水的汽车中逃脱？

真开心！好久都没有露营了。我们快点到达目的地开始享用美食吧。

哈哈哈！舅舅我待会儿给你们制作我特制的芝士料理。

啊啊！让……让开！

咣当

嗯……嗯……

吱！

咣当

啊！交通护栏*被撞烂了！

救命啊！

* 交通护栏：一种交通安全设施。

扑通

啊！车子掉到水里去了！

呃呃……我好晕啊。我的腿好像也受伤了……大家一定得打起精神来啊！

好……

孩子们，你们没事吧？有没有伤到哪儿？

还好我们系了安全带……

啊！我们就要这样淹死了！

啊！早知道就不跟着来什么露营了！

孩子们，虽然现在有点儿可怕，但还是要冷静下来。

在汽车完全沉没到水里之前，我们还有1分钟左右的时间。我们先把安全带解开，然后再把门打开逃出去吧。

舅舅，安全带解开了！

咦？

奉九啊，怎么了？

露营里的生存科学

天哪！车门打不开啊，舅舅！

车门纹丝不动的！呜呜！

由于车门外的水压增强，所以车门无法从里面打开。

那么我们还是打开车窗逃走吧……咦，车窗好像出故障了呢，怎么打不开啊？！

啊！那我们现在该怎么办啊？

奉九啊，你赶紧用脚踹一下车窗试试。前挡风玻璃比较坚硬，不容易砸破！

要不是我的腿受伤了，舅舅我一定会亲自上场的……

踹不开啊！呜呜！！

早知道会发生这种状况，车里应该准备可以打碎玻璃的工具呢……

车子里的水越来越多了，舅舅！

孩子们，马上就到了可以使用刚才那些方法的时候了，你们要冷静下来。

哇！舅舅，车门打开了！刚才还纹丝不动的呢……

当车内的水压和车外的水压快要持平时，车门就能轻易被打开！

啊！那几个人类看上去很危险！

人类们，你们不用担心，我来救你们了！

啊，是怪物！

咕噜噜噜

我们不需要人鱼大叔的帮助！

喊，好心当作驴肝肺！

我们差点儿因为人鱼大叔你吓没命了好吗？

从落水的汽车中逃出的秘诀

当汽车落水后，车窗或者是车门无法打开时，不要惊慌。当车内不断涌入水流时，车内的空气就会聚集到车顶，而此时，车内的水压和车外的水压会基本保持一致。这时，车门就能轻易被打开。我们可以深憋一口气，然后打开车门，奋力向水面游出去即可。

在山里迷路时，该如何生存呢？

我的肚子……肚子突然……我先去便便！哎哟喂……

呃！我还在吃饭呢，说什么便便啊……

1 小时以后

什么嘛，奉九这个家伙……都已经去了 1 个小时了……

奉九啊！

喂！

罗奉九！

你这家伙，跑哪儿去了？

呜呜！当时走得急，我忘记带手纸了。

我的腿蹲得都要酸死了。呜呜！

臭气熏天

旺仔，我在这里！

呃！你拉个便便怎么去了这么久啊？

这是我刚刚好不容易收集到的树叶。你凑合擦擦吧。

这应该会扎屁股吧?

哎哟,你居然跑这么远来拉便便。害得我差点找不到你!

喊,毕竟我不能被我的粉丝撞见我拉便便的样子吧。

嘎嘎 嘎嘎

这……这是怎么了?怎么走了老半天我们还在林子里啊!

我们已经绕着同一个地方走了5遍了!

我……我们该不会遇险了吧?

在这满是狼和老虎的树林里……

遇险

对了,为了预防这类事件的发生,我们在出发前不是问舅舅借了手机吗?

对啊!我们带了预防遇险的必需品——手机和备用电池!

天哪！我刚刚嫌重，所以把它放在包包的口袋里了。

喂！我们一路上可能会出现包包遗失的情况，所以一定得将手机揣在兜里啊！

完蛋了！天马上就要黑了，如果我们一直在原地徘徊的话……

而且自从午饭吃了几口紫菜包饭之后，到现在我连口水都没喝呢，呜呜……

这一整天都在山里兜兜转转，现在体力也所剩无几了。如果我们再这样冒冒失失走夜路的话，说不定还会发生更严重的事故呢。

旺仔，我们先在附近尽可能地收集一些落叶！

我们现在连是死是活都不知道，居然还要捡落叶？

因为我们必须做出一个可以过夜的窝。找一个比较大的坑，或者在大树和巨石下面铺上厚厚的干干的落叶。

窸窸

窣窣

看！我们只要睡在这落叶堆里，就能够维持住体温。

扑通

哇，好温暖啊。我还是头一次知道落叶有这样的保温效果呢！

山中遇险的应对方法

如果我们在山里迷路或者是受伤的情况下不得不在山里过夜时，我们首先得找到避难所、水和食物。由于晚上视野不宽阔，无法准确掌握地形，所以，夜晚在山中四处游荡是非常危险的。我们应该在临时避难的地方，利用衣服、毛毯、树叶或者是木板等最大限度地阻挡凉风，保持体温，避免体温过低。

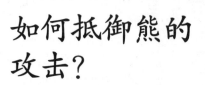

如何抵御熊的攻击?

真好!难得登一次山,心情都变得更加开心了呢。

这应该就是植物所产生的植物杀菌素的效果吧。

噢!植物杀菌素是植物为了消灭有害病菌和害虫、霉菌而产生的物质吧?

嗖

你们这些胆大包天的家伙!你们知道这是什么山林吗?

吓我一跳!

这个恶魔山林里住着一头体积有房子那么大的熊!你们两个如果还不想死的话就赶紧回去吧!

啊?

哈哈哈！我们国家怎么可能会有那么大的熊存在啊？

哎哟，笑得我肚子疼！

你们这些不知天高地厚的家伙！居然敢把老人家的话当耳旁风？

啊！

啪

嗒

你们不能进去啊！

嗒嗒嗒

这条路可是唯一的捷径呢，我们干吗要回去啊？

这个老爷爷可真奇怪！

如果走别的路，就还得再走两个小时呢……

还好我们抄了近路。

嗯……况且我们到现在为止，没有在一棵树上发现过熊用来标记领域的爪痕呢！

哼

我们还是赶紧将帐篷搭起来煮咖喱吃吧。

我来削土豆皮。

吃了咖喱和水果……唉，好撑啊，嗝儿！

有点儿累了，要不垃圾还是明天收拾吧！

不行！如果被野兽闻到了残余食物的味道，它们会找上门的。

呵呵，没错。万一真的出现一只体积有房子那么大的熊……

窸窸窣窣

不过……虽然这种情况不会发生啦，但是如果熊真的出现该怎么办啊？

如果你离熊的距离比较远，那么就不要轻易刺激熊，而是静静地站在一旁，这样熊大多数情况下会直接走过。

第1行动要领
千万不要刺激熊。

咕嘟

第2行动要领
即使熊靠近身边，也不要逃跑。如果背着熊快速逃跑的话，熊一定会快速追上并且进行攻击。

嗷呜

熊或野猪等野生动物都有一个习性，那就是对逃跑的目标物感到兴奋并且会立即开始追击。

第 3 行动要领

不要爬到树上躲避熊。大部分的熊都是爬树高手，所以它们很可能会尾随而上，这样十分危险哦。

第 4 行动要领

当熊靠近，而周围又没有合适的躲避场所的话，应该尽量制造出大的声响并让自己的身体看起来更大。

这个果子看上去味道不错呢。

将外套举在头上，或者晃动挂满了树叶的树枝。

在实行第 4 行动要领时，要观察熊的一举一动，并且适时找机会向后退。

遇到熊时千万不能做的一件事就是装死。

因为熊有旺盛的好奇心，所以很可能会因此遭受到更多的袭击。

以熊为首的大部分野兽，如果不去主动招惹它们的话，它们是不会攻击人类的。

但是，也有很多国外的新闻曾经报道过人类遭到了熊残忍的攻击。

所以不要随意给熊投掷食物。同时也要及时收拾露营时吃剩下的食物。

啪

吃点儿香肠吧，大狗熊！

给熊投掷食物会让熊认为人类那儿有美食，导致熊会袭击人类居住的帐篷。

啊！这么说来，我们不就只能坐在那儿等死了？

如果无处可退的话，那就应该用棍子进行抵抗。还可以提前准备一些能够赶退熊的防身喷雾。

在喷喷雾时，必须要顺着风喷。如果逆风喷的话，喷雾很容易吹向反方向。

风吹的方向

动物最具有攻击性的时候就是它们需要保护自己孩子的时候。所以不要因为动物宝宝可爱就随意触摸它们……

咦？旺仔，这么一会儿你溜哪去了？

哇……好可爱啊！这只熊宝宝好像迷路了呢！我们把它带回家养吧。

啊啊啊啊！

既然没有带赶退熊的防身喷雾，那我只好用这个了……

啊！

噗噗

比人类还要迅猛的熊

人类在山林中的奔跑速度最快可以达到每小时 20 千米，而熊却更加迅猛，熊在山林中的奔跑速度最快可以达到每小时 56 千米。黑熊是以素食为主的杂食性动物，但不代表它们不吃肉。在户外，切记不要因为好奇而闯入它们的领地或动它们的幼崽，也要保持自身的警觉。

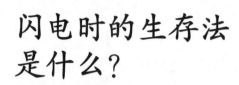

闪电时的生存法是什么?

哎哟! 怎么突然电闪雷鸣啊?

轰隆隆

啪

啊!

看! 那里有一棵大树。最适合躲雨了。快点儿过来!

唰

嗯?

奉九啊, 不要!

哐

叽

妈呀!

只有一棵树的情况下，在这棵树底下被雷劈的概率更高呢！

呼哈，呼哈……差一点儿我就要被雷劈成肉干了。

啊啊啊！救命啊！

不仅如此，在打雷或闪电时，还要避免站在比较高的树木或者是树枝比较宽比较分散的树底下！

如果周围还有铁塔的话，那就一定要赶紧离开那周围，此外，站在路灯下也十分危险！

汽车旁边也很危险，而此时待在汽车里面会更安全些。不过，这时候不要打开电子设备，同时也不要把头、手伸出窗外！

如果当时没有合适的躲避场所该怎么办啊？

嘎嘎嘎

啊！那是什么啊？

居然让我碰到了两个看起来这么可口的大胖小子……咕噜!

嘿嘿!

轰隆隆

啊!是九……九尾狐!救命啊!

毛骨 悚然

哈哈哈哈!从现在开始,是愉快的用餐时间!!

天哪!九尾狐的头发也太恐怖了吧!

噫!我的头发都要竖起来了,全身的皮肤也是麻麻的。

毛骨 悚然

赶紧将我们身上的皮带、雨伞、相机、手表、手机等金属制品扔掉并且远离它们!

啊,为什么突然要这样啊?

哈哈!谁捡到谁就是它的主人!我一直很想要手表和手机呢,哈哈哈哈!

喂!不要捡!

＊电荷：物体上所带有的电量。

啊啊啊！

赶紧双脚并拢，身体蜷缩，低下头，用双手捂住耳朵！

头发之所以会竖起来，表示地底下的电荷＊正向身体传播，而在这种状态下的人类被闪电击中的概率更高！

你们的成绩怎么又下降了？

分数
35

呜呜！妈妈的电闪雷鸣更恐怖啊！

如何躲避可怕的闪电

当我们在户外遭遇闪电时，应该尽快降低人体的位置，躲入地势较低洼的区域中。笔直地站立很有可能被闪电的电流击中，所以应该尽快双脚并拢、身体蜷缩，保持低头并用双手捂住耳朵的姿势。这种姿势可以有效防止地表的电流传播到自己的身体上来。

如何躲避山上的落石？

看样子这里经常会有碎石掉落呢。

即使是一小块落石，由于加速度*也可能造成被击中的人丧命。

当我们路过悬崖峭壁时就必须尤为小心。

如果我们发现了落石，应当及时到周围的巨石后方躲避，以免被砸。

而且最好不要进入山体滑坡频繁发生的山区。

那对于这种突然发生的事情，就没有什么提前解决的策略吗？

在发生山体滑坡之前，会出现一些现象。比如说，陡峭的山坡上突然喷射出大量的水流。

即使在没有风的地区，树木却一直摇晃并伴有山震或者是地震，又或者是有碎石或者雪球一直不停地掉落等，这些现象预示着山体滑坡的发生。我们必须立即采取措施。

* 加速度：单位时间内速度变化的值。

平时水流顺畅的山泉或者是水井如果不再出水，就说明地底流淌地下水的土壤层出现了异常。此外，如果山腰处出现裂痕，或者突然塌陷，则表示该地很有可能会发生山体滑坡。而树木倒塌，地面上升时，则表示山体滑坡已经开始，此时应当尽快逃离，并将这一情况报告给消防部门和公安部门。

有一吃就让人狂笑不止的毒蘑菇吗?

哇!发现了一堆美味的蘑菇,今天的午餐不用愁了!

砰

不行!这种蘑菇可是橘黄裸伞!

误食这种毒蘑菇会引发严重的精神异常,而且还会产生幻觉!而且它还会麻痹面部神经,让人狂笑不止呢!

这个也不能吃啊?

呃呃……为什么我每次遇到的蘑菇都是毒蘑菇啊?

呜呜!饿死我了!!

你们好!我是恐怖的蘑菇妖怪!!我要把你们统统抓走吃掉……

咦,那个巨型蘑菇是什么蘑菇?可以吃的吗?

这种蘑菇我也是第一次见呢!

跳 起

哇！实在是太可爱了。

哎哟哟！哎哟哟！

一般的毒蘑菇都是颜色华丽，不容易撕碎，昆虫都不怎么食用的嘛。

但其实有很大一部分这类的蘑菇并不是毒蘑菇。所以要注意区分与辨别。我是不是很聪明很可爱啊？

害羞

害羞

打出生以来第一次听别人说自己是可爱的蘑菇妖怪。

咚咚

咚咚

哦，看来今后还真是得好好挑选辨别蘑菇呢！

喂！刚才不还说我可爱吗？

不过它好像在装可爱呢。

我也觉得……

致命的毒蘑菇

鳞柄白毒鹅膏菌、白毒鹅膏菌等鹅膏菌类中都含有一种有毒成分，会对人类的生命造成威胁。人类在食用毒蘑菇后，会产生腹痛、呕吐、眩晕等症状，有时还会出现不同程度的幻觉。所以，在食用了毒蘑菇之后必须尽快就医。大多数人通常很难分辨毒蘑菇，所以大家不要随意采摘和食用野生蘑菇。

用针和表就能制成指南针？

啊！这周围的树木怎么都长得一模一样啊？让我完全分不清东南西北！

早知道这样，当初就应该带上指南针啊！

啊！什么东西？

我是这山里的精灵——迪罗！如果你们能够给我一样东西，我就告诉你们分清方向的方法。

真的吗？

可是我们现在能够给你的也只有一袋泡面了呢！

OK！一袋泡面也行啊！

唰啦啦

我只需要一根针、一片树叶和一块磁铁，就能制造出指南针！

喊！这个精灵应该是疯了。我们还是走吧！

我说怎么脑袋上还别了一朵花呢……

咣当

你们居然敢让迪罗我生气！！

啪

嚓

嚓

啊！我们错了！

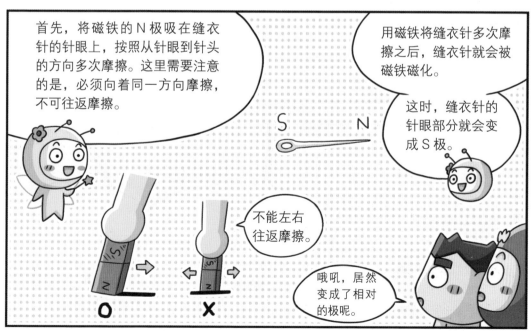

首先，将磁铁的N极吸在缝衣针的针眼上，按照从针眼到针头的方向多次摩擦。这里需要注意的是，必须向着同一方向摩擦，不可往返摩擦。

用磁铁将缝衣针多次摩擦之后，缝衣针就会被磁铁磁化。

这时，缝衣针的针眼部分就会变成S极。

S · N

不能左右往返摩擦。

O X

哦吼，居然变成了相对的极呢。

最后，找一片比缝衣针更短的树叶，将缝衣针穿过树叶，并轻轻地将树叶放在水面上使其漂浮。这时，针的两端也就指向了南面和北面。

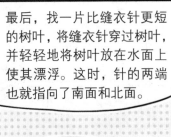

再告诉你们一个秘密，其实地球也像是一个巨型磁铁，地球的北端有 S 极的特性，而南端则有 N 极的特性。

南极　S　N　北极

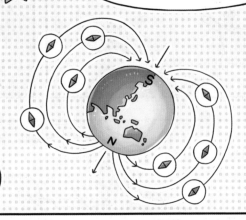

而磁铁与磁铁之间，同名磁极相排斥、异名磁极相吸引。所以，指南针与南极相排斥，指北针与北极相排斥，而指南针与指北针则相吸引。

啊哈！所以无论走到哪里，只要有磁铁和针，就能立马分辨出方向了。

看！我还有一种可以利用手表来分辨方向的方法。

南

不过，我们现在既没有针也没有磁铁啊！你是在开玩笑吗？

等等！现在说放弃还为时过早！

将手表上较短的指针对准太阳，12 点方向和短指针的正中间方向就是南方。当我们在北半球迷路时，可以快速用这样的方法分辨出方向。所以你们可以用这个方法试试。

不用指南针就能辨别方向

仔细观察树上树枝生长的方向，一般树枝较少的一边代表着北方，树叶较大、较茂盛的一边代表着南方。而在南半球（地球赤道以南的地区），将手表上较短的指针对准太阳，12点方向和短指针的正中间方向则代表着北方。

露营里的生存科学

能用牛奶盒煮面吗？

啊啊啊！

只不过去上了个厕所，我们的行囊就消失了！

空空如也

妈呀！是谁偷走了我们的包？！

这些小偷太坏了！包包里可是有我们露营3天所需要的水和食物呢！

啊啊！早知道会这样，我就应该先煮包泡面吃的！肚子好饿啊！！

我这里还剩下半块泡面面饼，嘿嘿！

吱当

不用担心。牛奶盒只是表面上被烧黑了一点点儿而已。

啊！牛奶盒没有继续燃烧，里面的水却开始沸腾了。

纸张要想燃烧，温度必须要达到130℃~255.5℃，而水只需要100℃就能沸腾，所以在纸张烧着之前，水就会沸腾。

一个500ml牛奶盒正好可以煮半块方便面面饼。

哈哈！原本加注在牛奶盒上的热量被牛奶盒里的水吸收了，所以纸盒上的温度永远都无法到达能够让它燃烧的燃点*！！

当水沸腾后，放入泡面。

我们还可以用矿泉水瓶来代替牛奶盒。不过，如果给塑料矿泉水瓶加热，矿泉水瓶会释放一种对人体有害的物质，所以还是不要使用了。

＊燃点：指物体开始并继续燃烧的最低温度。

不过，由于用火非常危险，所以各位小朋友必须要在大人的陪同下使用哦。

哇！软嫩弹牙的泡面终于煮好了！

就让我们一口泡面一口汤汁地填饱肚子吧。

嗯。

不会燃烧的牛奶盒泡面

物体开始并继续燃烧的最低温度就叫作燃点。纸张的燃点是130℃~255.5℃，温度必须要超过这个临界值，纸张才会燃烧。而用纸做的牛奶盒也一样。在给装了水的牛奶盒加热时，牛奶盒之所以不会烧着，是因为水的温度不会超过其沸点100℃，到达不了纸张的燃点，所以牛奶盒不会燃烧。

遇险时的生存法则

让我们来了解一下，在山中露营时发生迷路等各种突发状况时的安全应对之策吧。

★ 在山中过夜时

减少体力消耗，节约食物。为了保持体温，提前准备好适合睡觉的地方。

坑

落叶

我能活下来!

★ 最为重要的保持体温

我们可以用保持体温应急工具（救生毯）以及可以生火的工具来维持体温。

必须小心不要引起森林火灾哦。

★ 利用树枝来找路

如果没有随身携带指南针的话，那么可以将一根树枝插在地上，每隔20分钟画出树枝阴影的长度。从上午到下午的期间，虽然阴影的位置会发生变化，但是上午出现的阴影长度下午会再一次出现。

之所以会出现两条长度相等的阴影线，是因为上午和下午太阳的位置发生了轴对称的变化。

将长度相等的两条线相连接，就可以找到东边和西边。而再在连接线中间画一条垂直线，垂直线的两端则代表着南边和北边。

南

东 ——— 西

↓北

★ 防止体内水分流失的方法

在遇险时，保持体温很重要，防止体内水分流失也尤为重要。下面就让我们来了解一下如何维持住体内的水分，坚持到救援者出现。

方法 1　在荫处休息。如果附近没有荫处，则应该寻找一些遮蔽物用来遮挡紫外线。

方法 2　不要躺在太阳炙烤的地上，那会让体内的水分急速流失，需要特别留意。

方法 3　体内的水分会因为消化食物而减少，所以应该尽可能的少吃食物。

细嚼
慢咽

方法 4　减少说话的次数，用鼻子呼吸。

★ 应对闪电的方法

如果周边没有安全的躲避处，可以赶紧躲到比较低洼的地方。

电闪雷鸣的时候，不要使用顶端是金属且形状尖锐的雨伞，因为此时的雨伞可相当于避雷针呢，被雷劈的概率会大大增加哦。所以最好不要使用雨伞，而是穿雨衣来挡雨。

荒地里的

生存科学

人在缺水状态下可以坚持多久?

这里连一个人影都看不着,还真是个无人岛呢。

看来也只有我们生存了下来,顺着水流漂到了这里。

不过这里怎么这么多藤壶啊?

等等!如果这里是无人岛的话……

那我明天就能不参加数学考试了!!

本来我还担心拖欠了太多作业没写完呢!

咣当

喂！我们说不定要在这无人岛上默默地死去，你还在这里说什么胡话呢？！

喊，我们怎么可能死啊？

幸好有一箱蛋糕和我们一起漂到了这里。这一个月之内我们肯定会安然无恙的。

在这命悬一线的时刻，比起食物来说，更重要的可是饮用水啊！人体60%以上都是由水构成的！

如果体内的水分不断流失，我们会失去意识，所以在感觉到干渴以前，我们必须及时补充水分。

晕倒

人在没有食物的情况下可以坚持一周左右，而人在缺水的情况下，坚持3天都困难！

天哪！才3天？

哈哈，那有什么可担心的？这岛不是被水给包围了吗？

如果一直喝咸的海水，就很有可能因为脱水症*而丧命！

* 脱水症：身体缺水时所引发的症状。

我来给你制造点儿没有盐分的纯净水，你先去装点儿海水来！

你到底想干什么？

给你看看海水的蒸馏法。哈哈！发现了一个合适的盆！

首先，我们将海水倒在大盆子里，然后再在大盆子中间放一个空的水杯。

空杯

海水

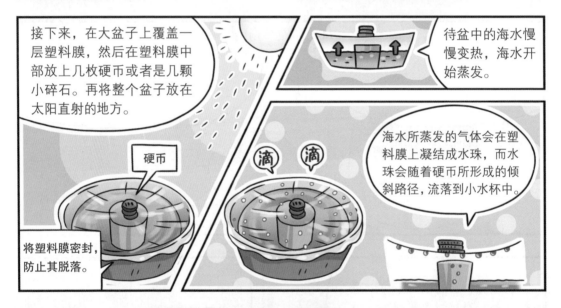

接下来，在大盆子上覆盖一层塑料膜，然后在塑料膜中部放上几枚硬币或者是几颗小碎石。再将整个盆子放在太阳直射的地方。

待盆中的海水慢慢变热，海水开始蒸发。

海水所蒸发的气体会在塑料膜上凝结成水珠，而水珠会随着硬币所形成的倾斜路径，流落到小水杯中。

硬币

滴 滴

将塑料膜密封，防止其脱落。

哇！真的一点儿都不咸呢。旺仔，你太厉害了！

不过从刚才我就一直很好奇这个洞穴呢……

啊！

噗 噗

是泉眼！

维持生命的必备条件——水

当我们遇险时，如果正好处于缺乏饮用水的状态下，那就应该尽量不要摄取过多的食物。当人在缺水状态下进食时，人体为了消化，就会从脏器中吸取体液。由于人体内的体液缺失，很有可能会引起缺水等症状。脂肪是消耗最多体液的食物成分，所以尤其需要注意。

从大象粪便里可以提取出水吗？

真的吗？

啊！哥哥，我快要渴死了！

完蛋了。我找遍了四周都没有发现可以取水的地方呢。

怎么办啊？我们剩下的就只有这个瓶子里的这些水了……我们能坚持到救援队来的那一天吗？

我真的快渴死了！你们是不是应该先救救祖国的花朵啊！

吵死人了。就是为了寻找四处乱跑的你，我们才会沦落到现在这个地步！

小石头，我们先把嘴唇沾湿坚持一下。

啊，太过分了。

不过，我们也不能保证救援队能及时找到我们啊……

没错。所以我们必须得自己找水！首先，我们先在地上挖出一个坑，如果能挖出点儿湿润的泥土就更好了。

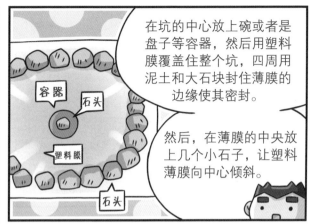

容器
石头
塑料膜
石头

在坑的中心放上碗或者是盘子等容器，然后用塑料膜覆盖住整个坑，四周用泥土和大石块封住薄膜的边缘使其密封。

然后，在薄膜的中央放上几个小石子，让塑料薄膜向中心倾斜。

这个方法是利用太阳能蒸馏*出水分的原理来获得纯净水。由于太阳的热量，被塑料膜遮住的坑温度升高，地里的水得到蒸发。

而蒸发后的水蒸气凝结在塑料薄膜上之后再次变成了水吧？这和海水蒸馏法采用了相同的原理呢！

太阳能
水滴
水蒸气

哇！好神奇啊。

这时，在坑内的容器里塞一根管，便于吸取容器里装的水。

水的味道还真是像蜜一样甜呢！

第二天

唰！ 唰！

啊！奉九啊，下雨了！

真的吗？

*蒸馏：将液体加热至沸腾，使液体变为蒸气，然后使蒸气冷却再凝结为液体的过程。

荒地里的生存科学

下雨天可是获取水的绝佳机会呢！

防水的塑料膜

为了水里不溅着泥巴，应该在比地面更高一些的区域收集雨水。

剪裁后的塑料瓶

碗

可是在野外取的水或者雨水很有可能都是被污染了的呢……

嗯，所以最好是烧开了之后再喝。如果没有烧水的容器，我们也可以利用几个简单的工具来制作一个净水的工具。

首先，我们将装有未净化的水的塑料瓶表面包裹一层黑色的塑料纸。

这是为了能够快速吸收太阳热量。

登山用的刀

塑料管

胶带

然后在塑料瓶的上方穿一个孔，塞入塑料管，然后再用胶带将连接处密封起来。一定要在大人的陪同下使用刀具哦。

登山用的刀

将塑料管的另一头连接一个干净的塑料瓶，同样使用胶带将连接处密封起来。

未净化的水蒸发后形成干净的水蒸气，水蒸气沿着塑料管移动到了干净的塑料瓶中。

收取纯净水的塑料瓶应该放在地势较低的地方。

将塑料瓶放在阳光强烈的地方，水分能够更快地被蒸发＊。

＊蒸发：物质从液态转化为气态的过程。

嘿嘿，其实还有更简单的方法：将未净化的水倒在塑料瓶中，然后再将塑料瓶放在太阳底下超过 6 个小时，这样一来，太阳光就能对水进行消毒了！

将塑料瓶放在塑料薄膜内效果更佳。

在塑料瓶的周围铺上锡箔纸，利用太阳的反射光就能提高消毒效果。

阳光

锡箔纸

将锡箔纸调试到反射阳光的最佳位置。

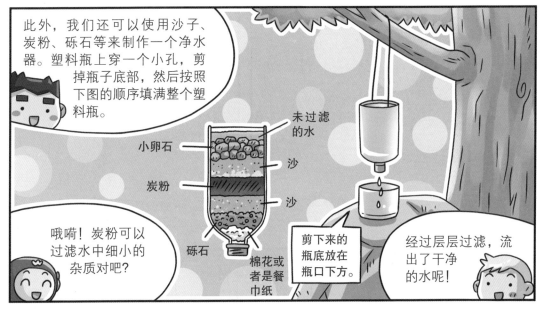

此外，我们还可以使用沙子、炭粉、砾石等来制作一个净水器。塑料瓶上穿一个小孔，剪掉瓶子底部，然后按照下图的顺序填满整个塑料瓶。

哦嗬！炭粉可以过滤水中细小的杂质对吧？

未过滤的水

小卵石

沙

炭粉

沙

砾石

棉花或者是餐巾纸

剪下来的瓶底放在瓶口下方。

经过层层过滤，流出了干净的水呢！

曝烤 曝烤

嘿嘿……今天怎么也不下雨啊？

要不我们许愿吧？

如果今天还喝不上水的话，我们就会没命了。呜呜……

啊！不要这么说嘛，好害怕啊！

之前我在电视上看到过……有人在无人岛上因为缺水，只能靠啃鱼的骨头和眼睛来补充水分……

据说还有位荒野生存专家是通过提取大象粪便里的水分来延续生命的呢。

呃！好恶心啊！

命悬一线的时刻谁还顾得上恶不恶心啊？喝不着水连命都保不住呢……

咦，那是什么？

许愿灯

天哪！许愿灯？是不是像阿拉丁神灯一样的东西啊？

啊　啊　啊

许愿灯

哥哥，快点儿摩擦一下许愿灯！

我是许愿灯精灵。你可以许一个愿望。

砰

哇！真的是神灯呢！终于得救了！

* 蒸散：植物体内的水分蒸发后成为水蒸气散发在空气中。

呜呜……我们已经好多天没喝一口水了，求你……

给我一坨大象粪便吧！

咣 当

抓住那个家伙！

啊！我可能脑袋出问题了！

大象粪便

储存水分的竹子

如果遇险，可以利用雨水或者通过周边植物的蒸散*作用来收集水分。竹子由于毛细管的作用，会将水吸入竹茎中，使竹子保持水分。当我们摇晃竹子时，如果能听到当啷当啷的声音，就可以在竹节的一端斜角呈45°的地方挖个洞，吸取竹节内的水分。

能用水和塑料袋来点火吗？

哈哈哈哈！终于等到我征服地球的这一刻啦！

哦嘀！我实在是太想拥有这个绿色星球啦，哈哈！

嗖

啪嚓

天哪！这是怎么了？

啊啊啊啊！

哐当

？

3 天后

没有啊！找了半天连个人影都看不到！

呃！这里该不会是无人岛吧？

啊啊啊啊······

啊！是怪物！

我不征服地球了，能不能给我点儿吃······吃的啊······我好饿······

看来这个外星人和我们一样遇险了。

吧唧 吧唧 咕嘟！

嗝儿——喊！这东西可真难吃。真不愧是地球人做的······

喂！你可是把我们的应急食物全都吃了呢！

这个外星人可真讨厌。

别在意它了，我们还是先把火给生起来吧！来回拉动火弓，让木钻在火板的插孔中不断摩擦，这样就能钻木取火啦！

我是直接用手左右旋转木钻，让木钻在插孔内左右摩擦生火！

唰

插孔

木钻

火弓

唰 唰

木钻

火板上的插孔由固定木钻的圆孔和收集木粉的V字型小孔组成。

火板

2 小时后

呼呼！这是什么？怎么转了半天连一丝烟都没冒啊？

啊！我的手掌都快要磨破皮了。

3 小时后

由于火板上的孔钻得太大了，木钻上摩擦掉落的木屑全都掉了出来。

从木钻上掉落的木屑

我的胳膊好像麻痹了一样。我觉得我还是没有找到钻木取火的窍门……

啊，对了！

我怎么没想到这个啊？用透明的塑料袋装上水，将塑料袋撑成一个圆弧形镜面的形状，然后抓住塑料袋，让阳光穿过塑料袋……

对了！这是利用凸透镜的原理，将阳光聚集在一处点火啊！

火绒

啊！乌云！只需要再等等就能点着火了呢……

不要啊！马上太阳就要下山了，这让我们如何在没有火的情况下在无人岛上过夜啊！

孩子们，不用担心。其实有一个比你们尝试过的这些方法都要简单的方法。

什么方法？

非常重要的火

火是烹饪食物、保持体温的生存必需要素。此外，火还能够阻挡害虫和危险动物的靠近。用嘴巴将忽闪忽灭的小火苗吹成更大的火花，那么只要添加一些柴火，就能将火花生成更大的火堆了。火堆越大，当氧气能够正常供给火堆时，火堆的温度就会升高，火堆也会越烧越旺。

怎样用镜子发出
求救信号？

这都一个星期了，没有
一艘船经过。

现在真的是希望渺茫了……

但正是因为漂流到了这个无人岛，才让我结识了新朋友威尔森啊。

哈哈哈！没错。威尔森，这个朋友还真是可爱呢。

在捡来的球上画上了眼睛和嘴巴，取名为"威尔森"。

哈哈哈！威尔森！！快来抓我啊！

哎哟，原来威尔森你这么害羞呀？快点儿过来呀！

你们的这副样子太让我心寒了！

咦？

你不是那个当初我们在山间迷路时为我们指路的精灵迪罗吗？

哇！见到你实在是太开心了。

你们现在是和一颗球玩耍的时候吗？说不定会有飞机飞过呢，你们应该准备发出救援信号啊！

精灵你施展一下魔法不就能把我们给带回家了吗？

抱歉，我只能把你们转移到鳄鱼肚子或者是鲸鱼肚子里。

首先，我们应该用大石块在海滩上摆出个大型的"SOS"，这样飞机经过时才能够看到。

好累啊。

然后再在间隔相等的三个地方点燃三个火堆，发出信号。

白天燃烧没有完全干燥的叶子或苔藓，制造出浓烟，晚上则燃烧完全干枯的树叶制造出火种。

如果当飞机经过的时候火种恰巧熄灭的话，那么之前的努力全都会前功尽弃，所以必须保证能够让火种维持燃烧的燃料和柴火。

此外，我们最好能够记住那些可以放出求救信号的姿势。

求您搭我一程！

此外，我们还能利用镜子、易拉罐、玻璃、金属块等物品反射光的信号。光信号也是国际上广泛使用的一种救援信号。

如果这时飞机靠近的话，我们则应该停止释放光信号，因为这时的光信号会影响飞行员的视线，很容易造成飞行事故。

闪耀

闪耀

啊，是飞机！快点儿发射光信号……

嘻嘻嘻

请您搭我们一程！

哎 哎 哎

妈呀！怎么是一群可怕的外星人啊？

我取消救援信号，啊啊！！

让我们和平相处吧，嘀哩嘀哩！

多种多样的救援信号

遇险时，我们可以使用多种多样的救援信号来告知救援队自己所在的位置。火把是最有效的方法，但是我们必须保证有足够的燃料支撑到救援队的到来。此外，玻璃或者是镜子可以反射太阳光以发出信号。夜晚，我们也可以晃动手电筒或火把，以及发出声响来释放救援信号。

如何在没有锅的情况下将食物煮熟？

哈哈哈！我发现这个无人岛上到处都是贝壳呢。有了这些贝壳，我们也不至于饿死啊！

太棒了！我们可以做烤扇贝，还能做扇贝海鲜汤呢！

好在和我们一起漂流到这个岛上来的大米也完好无损！

太棒了！我们用这个来做热腾腾的米饭吧。

大米 4kg

……

……

呼啦啦

不过这么看来，我们……

没有煎锅或者是汤锅来烹饪这些食物啊。而且我们身边连一件厨具都没有。呜呜呜！！

啊啊啊！那就算有再多的食材我们吃不了啊。

你们两个臭小子，吵死了！到底是什么事情让你们像是地球要灭亡了一样痛哭流涕啊？

啊啊啊！是原始人！！

你们不经过我的允许就私自闯入我的岛上，现在居然还污蔑我是原始人？你们这些坏蛋！

可是您确实看起来不像正常人啊……

只要有这几根竹子，就完全不需要锅，一样能烹饪食物，哼！

嗯？怎么可能？！

干吗又打我啊？疼死了！

……

世界上最傻的人就是那种连尝试都不敢就直接放弃的人，哼！

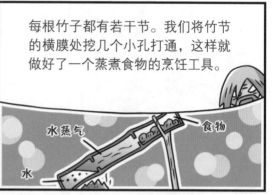

每根竹子都有若干节。我们将竹节的横膜处挖几个小孔打通，这样就做好了一个蒸煮食物的烹饪工具。

水蒸气

食物

水

小孔

原来是水沸腾时所产生的热腾腾的水蒸气把食物蒸熟的啊！

水

食物

水蒸气

哦嗬，闻起来真美味！

翠绿色的竹节更加耐火，所以用作长时间蒸煮食物的替代容器最合适不过！

或者将竹节横切两半，可以充当碗和杯子等餐具。

哇！贝壳汤完成了。

嗝儿……爷爷您为什么要一个人独自生活在这无人岛上啊？

我是在战乱中只身逃到这个无人岛上的。唉……

战乱？那是什么时候的事呀？

不记得过了几个十年。真希望战争赶紧结束，这样我才能回到陆地上去……

这里实在是太无聊太孤单了！

那个……战争早就结束了!

您该不会自上岛之后就没有离开过吧? 啊哈哈哈……

咚

哎哟!

哈哈哈哈!

战争居然早就已经结束了! 这个……

好可怕啊! 他的头上居然戴了一朵花!

抖抖

从大自然里获取的锅

截取一节竹节下来,可以将其当作水杯。在这个"水杯"中倒入水,放置于火上煮沸,可以用作厨具。此外,将椰子果内的椰肉和椰汁掏空,椰壳也可以当作煮饭的锅来用。将椰壳里装满水放置于火上煮沸,在椰壳被火烧着之前,水就能沸腾,所以椰壳也是个不错的容器。

荒地里的生存科学

为什么要在丛林食用幼虫？

啊！不要！不要！肚子再饿我也不要吃幼虫。

看样子你现在肚子还不是太饿啊。

这种虫子里包含了人体所需的各种营养：蛋白质、脂肪、矿物质等！吧唧……

还有科学家称，在不久的将来，昆虫将会成为人类重要的营养供给源之一。小幼虫……辛苦你啦。

真的吗？

呜呜……没办法了。没有粮食了……呃……

是啊，如果连这个都不吃的话，我们是没有办法从这个丛林里活着走出去的。

一周后

哈哈哈哈！今天的午餐我决定把7种幼虫混着吃。

他居然开始沉迷于幼虫的味道了。

蠕动

蠕动

蠕动

蠕动

啊！幼虫杀手来了！大家快躲起来！

救命啊！

妈妈，好可怕啊！

你真的是在丛林里遇险了吗？

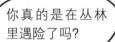

圆滚滚

未来的粮食资源——昆虫

联合国粮农组织曾表示，由于全球人口呈现爆发性增长，未来昆虫很可能会成为人类重要的粮食资源。全世界有很多地区的人会食用昆虫，例如蚂蚁、知了等。昆虫富含丰富的蛋白质、脂肪和矿物质等成分，可以作为人类的粮食供给源之一。

怎样用树枝建造避难所？

由于时光机出现故障而不得不紧急着陆的旺仔和奉九！

咣当当

也不知道我们来到了哪个朝代……

完蛋了。如果我们买不到出现故障的零件配件，就没办法回家了……

呜呜……早知道就不应该听旺仔的了……早知道就不应该坐这个劣质的时光机了……

我之前不是让你把它给烧了吗？

马上就要天黑了。如果想要度过一个温暖安全的夜晚，就必须赶紧搭建出一个临时避难所。

啊！太阳居然就快落山了……

先将周围的树枝和树叶收集起来。

收集这些东西干什么？

在搭建避难所时，结实的框架非常重要。

搭建好了结实的框架，就相当于完成了整个工作的70%。

如果能将避难所的横梁搭在一个又低又结实的树枝上是最好不过的了。

为了方便出入，出口的地方要搭建得宽一些。

而避难所的地上铺上一层厚厚的干树叶可以帮助阻挡地面的湿气。

然后再用小树枝围在横梁周围。

哇！框架完成了。现在只要用绳子将树枝连接处绑紧就行了吧？

嗯，这样才不会倒塌。

紧

紧

好想赶紧躺进去看着星星睡觉啊。

看吧，我们其实不是遇险了，而是来露营了呢。

荒地里的生存科学

哇！用挂满了树叶的树枝盖住框架，一个小茅屋就盖好了！！

这样的小茅屋估计再强的风也能抵御得了吧，旺仔？

嗯？旺仔这个家伙，这么一会儿跑哪去了……

嗯哈哈哈！我找到了个吃的！

天哪！这是什么蛋怎么那么大？

我们可以煎个蛋，嘿嘿……

这个树林里难道有鸵鸟？

啊！这个蛋居然裂了！

啊！什……什么啊！这个长相奇怪的生命体……

嗯……不过它长得倒是挺可爱的啊。

要不在时光机修好以前，我们养着它吧？要不就叫它"峰植"，怎么样？

简易避难所搭建方法

如果需要搭建紧急避难所，可以在背风的地方根据地势加盖一层遮挡物，搭建一个简易的避难所。还可以捡来被压断或折断的细树枝，将它们紧密地缠绕在一起，制成能够挡雨的屋檐。在地势低洼的地方竖上一根粗壮的原木，然后再在原木上盖上结实的树枝，最上面盖上一层厚厚的树叶和杂草，一个简易避难所就完成了。

如何用燧石制造矛和箭？

抓住它！

前有悬崖！后有追兵！

啪啪啪

呼……呼……它跑得也太快了，快得简直不像是只兔子。

我今天晚上真的超级想吃烤兔肉呢，呜呜……

我们刚才居然想空手去抓兔子，实在是太傻了。我们应该先制造个捕猎工具啊。

可是这无人岛上也没有制作捕猎工具的原材料啊。

嗯哈哈哈！这到处都是原材料，难道你看不到吗？

看

喂！我们哪是在什么新石器时代啊？用石头来制造工具……

我们现在的处境比新石器时代的人也好不到哪去吧……

是差多了。我们现在连一点儿吃的都没有。

我们用这个来制造一些狩猎工具吧。先挑选一些模样和大小合适、表面光滑的燧石*，用坚硬的石块敲出自己想要的形状。

在敲燧石的时候，为了防止伤手，必须得戴上手套。此外，敲出来的小碎石很可能会弹到眼睛里，为了保护眼睛，我们最好戴上护目镜。

啪 啪

将燧石稍稍打磨一下就能变成石刀。

石刀可以用来破鱼或者削水果。

用这样的方法把燧石凿成各种形状后，将它们紧紧绑在木棍上，就能变身成为手斧啦。

如果再把燧石凿尖一点儿，还能做出一把长矛呢！

哦哦！

* 燧石：俗称火石，用来打火的石头。

呵呵呵，我们再找出两根分叉树枝。

接着在兔子们经常经过的地方设置一个这样的圈套，这样我们就能吃到美味的兔肉啦！

救命啊！

咯噔

哈哈！看来已经有猎物上钩啦！

咕咕吧！呜叽啦！哇啦！

罗奉九，你都做了些什么啊？

啊啊啊，想抓的兔子没抓着，居然吊到了个小孩……

咕吧，咕吧！叮咕啦！

啊！原来这里不是无人岛啊？他们把我们当成坏人了！

噗啊

等……等一下！我们并不是想绑架那个小孩！

你们要是再走近的话，我们就要使用武器了！

停顿 停顿

咕咕吧，叮叽啦！

就地取材制造捕猎小工具

在野外生存，摄取肉类和海鲜比植物更有营养。通过利用石头或木头等制成捕猎工具或者捕猎陷阱，可以抓到各种小动物。河滩或江边有很多可以制成手斧或者是石刀的石头。我们可以利用在石头上淋点水后摩擦，或者是用其他更坚硬的石块敲凿的方法将石头打磨成能够破鱼、切肉的石刀。

荒地里的生存科学

如何在沙漠中利用太阳热量存活？

呃呃……我觉得我都快被烤融化了。

呼呼……

啊！烦死人了。连鞋子也碍手碍脚的。我要光脚走路啦。

啊！烫死了！

啊！好烫啊！

啧啧……你以为这是海边沙滩啊？

白天的沙漠不仅会吸收太阳光直接传导的热量，沙漠的沙子吸收了太阳热之后还会形成辐射热，所以白天的沙漠极其炎热。

太阳热

辐射热

可我的衣服为什么还没有汗湿啊？干燥得很呢！

由于沙漠的热以及干燥的空气，使得人体一排出汗液就会被蒸发。

天哪！这么快？

跌倒

所以很多初次到沙漠来旅游的人会错以为没有流多少汗，从而忽视了水分的补充而患上脱水症晕倒。

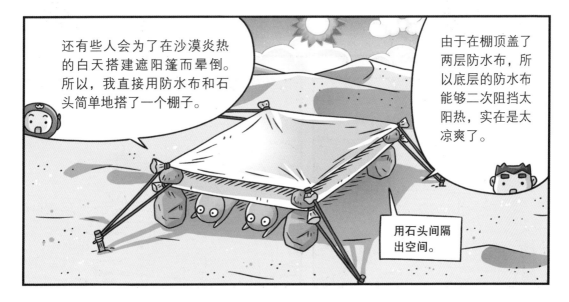

还有些人会为了在沙漠炎热的白天搭建遮阳篷而晕倒。所以，我直接用防水布和石头简单地搭了一个棚子。

由于在棚顶盖了两层防水布，所以底层的防水布能够二次阻挡太阳热，实在是太凉爽了。

用石头间隔出空间。

荒地里的生存科学

呃……好冷啊。

沙漠的夜晚和白天不同，实在是太冷了。

嘘！快看那里。我还是第一次见到小王子和耳廓狐呢。

什么？难道说……

我居然能够亲眼见到童话故事中小王子和耳廓狐的历史性相遇……那可是我最喜欢的一个场景呢！

如果你驯养了我，我们就彼此需要了。

什么是驯养？

呜呜……多亏了这次的沙漠遇险，居然让我亲眼见识到了这个著名场景……

我看过那本书，好像接下来的台词就是……

太远了听不见啊。

!!

躲避沙漠炎热的方法

如果因为空难或者是车祸导致在沙漠遇险，最好在飞机、车辆残骸附近等待救援，这样被救援队发现的概率更大。如果想要在炎热的沙漠里尽可能地减少水分流失，就应该减少身体的活动量，如果想要搭建出一个完美的避难所，就可能会因为工作量大而虚脱。

如果在海上遇险的话，我们该怎么办？

啊啊啊！轮船沉下去了！

咣当当

我们要是稍微再晚一点点儿，估计就得和轮船一起沉入海底了。呼……

啊！这一望无际的大海上就只剩我们俩了！我们这下死定了！

旺仔，不用担心！俗话说得好"办法总比困难多"！

真的吗？

好在我们穿了救生衣，这样就不用担心掉进海里淹死了。只要我们在救援队到达之前能维持住体温，注意不患上低温症就行。

嘿嘿，听了奉九你的话，我突然看到了一线生机呢。

哗哗

天哪！怎么突然间掀起了惊涛骇浪啊？

啊！海面上只要刮起了一点点儿海风，就能掀起巨浪呢！

啊啊

完蛋了！我们现在离沉船地点越来越远，估计救援队难以发现我们啊！

火辣辣

火辣辣

呃呃……还好风浪及时平息了下来，不过现在也太热了吧！

再这样烤下去我要变成烤人肉串儿啦，喀喀……

对了！不如我们用防水布来遮挡一下直射光吧？像这样……

喂！你要是早一点儿盖上不就用不着暴晒这么久了吗？

我娇嫩的肌肤可是很珍贵的呢……

漂流第 2 天

如果一直没有水喝的话，我们都坚持不到第 3 天呢……

好……好渴啊。给我点儿水啊……

唉！我实在是忍不了了。就算这是海水……

不行！

哎呀！好咸啊！天哪！！

狂吐

再渴也不能喝海水啊！海水的含盐量较高，饮用过多肾脏在排泄盐分时会消耗自身水分，从而造成人体缺水。

而且海水里有细菌等微生物，会给肠胃带来一定的刺激，这个原理你不知道吗？

漂流第 3 天

哇！天降甘霖啊！

唰 唰

虽然不知道这雨什么时候会停，我们还是先用防水布把这些雨水接住吧！

漂流第 4 天

那边好像有个什么绿色的东西！被夕阳渲染成红色的是晚霞，那么那块绿色的东西很可能就是陆地吧！

没错！而且据说海鸥们到了傍晚都会飞往陆地，而且只有陆地上才会有云呢。

哈哈哈！今天的晚餐来了！

吭

扑腾
扑腾

啊！原来是海怪伪装的！

呼呼……真的是九死一生啊！

我们实在是太厉害了！

从沉没的船只上逃生

当我们搭乘大型船只后，应该在最短的时间内了解救生衣和各种逃生装备的位置，掌握逃生方法。为了防止落水后患上低温症，在跳水之前最好穿上能够保温的衣服。如果必须长时间待在水中，则应该尽可能减少活动量，和周围逃生的人抱在一起，维持体温。

荒地里的生存科学

如何制造在激流中也不会散架的竹筏?

因为连夜的大雨，这江水的水位越来越高了。

据说还有村庄就是因为一场大雨而被整个淹没的呢。

哗 啦 啦

看样子我们得先做好个竹筏啊。说不定什么时候又来一场暴雨呢……

竹筏是一种不容易沉没的水上移动工具。

不过这些竹子看起来也太脆弱了吧!

虽然没有腐烂的整根原木或者是连根拔起的树木也是不错的原材料，但是又轻又薄的竹子才是最好的选择。

如果胡乱随便地将这些竹子绑在一起的话，这样的竹筏是无法抵御激流的，结绳立马就会被激流冲开。

呼

光……光是想想都觉得可怕……

哗

啦

如果只是用长度较短的竹子薄薄地铺一层，这样的竹筏可能无法承担起人的体重。

将若干个长约3米的粗壮竹子排满两层，并在竹子上打几排小孔。

往孔里穿上木棍，将竹子紧紧固定起来，然后再用藤蔓类植物的根茎或者是绳子将木棍和竹子绑牢。

上下两层竹子用相同的方法固定扎实后，将两层竹子合并绑牢。

荒地里的生存科学

如果是用其他方法编制竹筏，要想将结绳绑紧，应该在打好结绳后再将结绳缠绕几圈。

接着，将绳子按照上下上下的顺序依次交叉缠绕，

将竹子尽可能地绑牢之后，再打上一个死结，这样竹筏就完成了。

哈哈哈哈！谁能想到我们居然会用自制竹筏来横渡江面啊？

所以说人在危急境况下的潜力是无穷的。嘿嘿。

快看那儿，江对岸的原住民好像为了迎接我们举办了欢迎仪式呢！

保持竹筏不翻的秘诀

竹子是制作竹筏的最佳材料，也可以用原木或者连根拔起的树木来制作竹筏。在竹筏的两侧挂上空的油桶或者水桶这类容易在水中浮起的物品，可以增加竹筏的浮力，提高竹筏的安全性。在坐竹筏时，体重最重的人应该坐在竹筏的中间稳住竹筏的重心，剩下的人均匀地坐在其前后，保持竹筏的平衡。

为何人们在灾难状况下容易变得粗暴？

哈哈哈！时光机001号完成！我们终于可以开始时光旅行了。

为了庆祝，我们先去未来的2099年看看吧！

哇！眨眼的功夫就到了呢。旺仔，带上紫菜包饭、矿泉水和各种零食！

嗯！开启着陆用三脚架！

啊！什……什么嘛，怎么这么荒凉啊？

到底发生了什么事？

看来这个国家已经不复存在了啊。呜呜……

左顾

右盼

嗒嗒嗒

咦，那是什么声音？

啊 啊 啊

妈呀！前面来了一波僵尸！

我们必须使出吃奶的力气逃离这里！

如果我们被僵尸追到的话，我们也会变成僵尸的！

救命啊！他们怎么一直穷追不舍啊……

奉九啊，快……快点儿爬上去！

呼……呼……他们应该爬不上来吧？

喀 喀

啪

啊！有个僵尸爬上来了！

嘿！看旺仔我愤怒的一击！

呃——

啪

太棒了！真不愧是宇宙最强的铁大头！

啊！

哐/当

当

你这是称赞呢，还是骂人呢？

当……当然是表扬啦，哈哈哈！

可是话说回来，我们现在该怎么办啊？

跌坐

由于不知名的病毒侵入，现在这座城市里的人全都变成了僵尸。呃呃……

3天后

呃……

僵尸们一直在这栋建筑周围徘徊。他们该不会早就把我们的时光机给砸坏了吧?

应急食物也全都吃完了,就剩下一根巧克力棒……

嗯?我记得刚刚明明还剩下一根巧克力棒的呢?

嘿嘿,对不起。我实在是太饿,所以把它给吃了,还剩下大约1厘米,你要吃吗?

哗啦啦

喂!

暴怒

最后一根巧克力棒居然全进你肚子里去了,你怎么能这样呢!

呸

砰

咕嘟咕嘟把仅剩的半瓶水都灌自己肚子里的人可是奉九你啊!

咚咚

砰

啪

早就跟你说要省着点吃,结果你倒好,从第一天晚上开始,泡面、饼干、肉脯你一个都不落下!

荒地里的生存科学

为什么会这样……我们居然为了区区一根巧克力棒而拼个你死我活……

呜呜！奉九，对不起。

当人遭受到灾难时，会因为强烈的恐惧感而丧失理智，陷入恐慌状态。

没错。在灾难电影中，原本正常的人在遭受了灾难后就会变得更加粗暴，甚至会出现抢夺他人食物或者是打斗的行为。

超市

这是因为，突发的灾难容易引发极度的不安和压力。

奉九啊，让我们成为时时刻刻都互相关心的好朋友吧。

嗯，旺仔。

啊啊！你这个家伙，居然想隐瞒已经被僵尸咬了的这个事实！

唯

哇啊！等……等一下！

3秒前不是才说要成为时时刻刻都互相关心的好朋友吗？

而且这也不是被僵尸咬过的痕迹啦！

你这是被谁咬的啊？

这……这个……

我这是被狼人咬的痕迹，啊呜！

啊呜

妈呀！吓死人了！

其实我是到满月之时就会变身为大猩猩的变种外星人！

啊呜 啊呜

威胁生命的灾难压力

当人们遭遇到灾难时，无论是身体上还是精神上都会变得更加脆弱。人们容易在恐怖和不安的状态下感到疲劳、烦躁、饥渴或者是孤独等情况。这使得人们非常容易愤怒。在这样的状态下，人们如果持续感受到自己生存受到了威胁，应该尽快找一个安静的地方进行深呼吸，让自己镇静下来。

荒地里的生存科学

零下30℃时如何保持体温?

啊!暴风雪越来越大了!

呼 啦 啦

整个世界都变成白茫茫的一片了!

为了看个帝企鹅来到南极洲,怎知现在居然要在这里变成雪人被冻死。啊!

我居然就要这么死了……呜呜……

我们必须得在这个极地地区抵御这场暴风雪活下来。如果我们总在这里磨磨蹭蹭,马上就会因为患上低温症而死掉的!

可是这周围也没有可以躲避暴风雪的建筑啊……

哎哟，这里怎么可能有建筑啊？我们应该找找洞穴或者是地穴这样的自然藏身之处啊。

这里也看不到任何洞穴啊。

看来也没有别的办法了。

呵？

哈

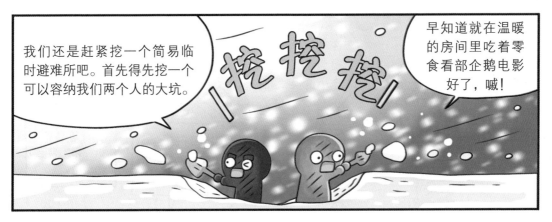

我们还是赶紧挖一个简易临时避难所吧。首先得先挖一个可以容纳我们两个人的大坑。

挖挖挖

早知道就在温暖的房间里吃着零食看部企鹅电影好了，喊！

好了，然后再把雪块锯成坑口的大小。

嘿！这里的雪冻得太厉害了，就像是石头一样。

虽然没有那么精致，但是这点儿地方已经足够让我们抵御风雪了吧？

呼啦

将背包内的毯子垫在了地上，抵挡住了冷空气，感觉好多了呢。

荒地里的生存科学

哇！我们没有冻死，居然活了下来！万岁！！

幸好暴风雪也停了，旺仔，我们现在赶紧再建造一个稍微好点的避难所吧！

也对，说不定什么时候又来一场暴风雪呢……

所谓的雪洞，就是在又深又结实的雪堆中挖出的一个洞穴。

在挖雪洞时，一定要为了换气而戳一个小的换气孔。

换气孔可以使雪洞内的空气流通，防止二氧化碳中毒。

哦嘀！我还挖出了一个错层的小床。在这个床上面睡觉，可以防止地底的冷气灌入体内呢。

入口处用背包或者是雪球挡住。

雪洞外插上滑雪板等装备，以标示出自己的位置。

或者我们可以将雪锯成一块块砖头的模样，像因纽特人那样建造一个冰屋也不错吧？

那就需要更加精深的技术了。

咦，这是什么东西？

啊！是不是救援队来了？

想要在极地地区搭建临时避难所，首先应该用背包或者是体积较大的装备将雪压紧压实。然后再将若干根长度相等的树干插入雪地中，确定了树干的位置之后开始挖雪洞。不然很可能会挖错方向。在完成雪洞穴后，千万不要忘了留出换气孔的位置以及在地上铺上防水布。

荒地里的生存科学

荒地里的生存法则

怀着忐忑的心情开启一段新的旅程，结果却来到了一个人都没有的荒地，这个时候不要慌张，来了解一下能够在荒地里存活的秘诀吧。

★ 在热带地区取水的方法

在热带地区，虽然空气极其干燥，取水困难，但如果我们能够找到绿色的竹子，就能够轻松取水。

将竹子顶端锯掉，就能得到干净的水了。

容器

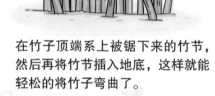

在竹子顶端系上被锯下来的竹节，然后再将竹节插入地底，这样就能轻松的将竹子弯曲了。

★ 从仙人掌中取水的方法

①小心地将仙人掌顶端锯开。

②将仙人掌的内部捣碎。

③插上吸管就能喝到干净的水了。

★ 阻挡地面湿气的树枝床

先将圆形的树干固定在合适的位置。

在树干中间铺上一层厚厚的树叶，然后依次将细树枝摆放好。

为了防止下雨的时候树枝床被雨水淹没，树枝床的头部需要垫高一些。

★ 因地制宜的避难所

在周围搭上叶子茂密的树枝，做成天然的屋顶。

一旁生起维持体温的篝火。

在地上垫上一层厚厚的树叶可以阻挡湿气。

★ 有用的结绳

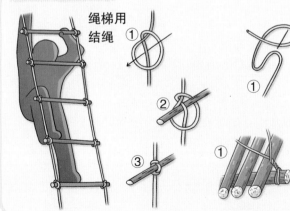

绳梯用结绳
① ② ③

木桩用结绳
① ② ③ ④

竹筏用结绳
① ② ③

生存科学
小妙招

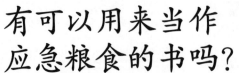

有可以用来当作
应急粮食的书吗？

啊啊啊！我们的船翻了！

嗯？

啊啊！奉……奉九啊？

奉九你醒醒啊！你不能死！呜呜！

啪 啪

喂！够了！我还活着呢！

喀

砰

呃……烦死了！

红 肿

怎么可能……我们的船翻了，我们被海水冲到这个无人岛上来了。

呃呃……那该怎么办啊？

咦，那里怎么有一个箱子啊？

该不会是食物吧？

掀开

喊，原来不是吃的啊？居然是一个娃娃？

在这生死存亡的边缘，这个人偶一点作用都没有！

砰

如果是泡面或巧克力该有多好啊……

我们先找找看周围有没有什么可以吃的东西吧……

嗒嗒嗒

你们这些家伙！居然敢踢飞我！我要把你们吃掉！

嗒嗒嗒

妈呀！

啊！原来是魔鬼娃娃啊！

我再也不想当个娃娃了！我要把你们吃掉！

呀呼

啊！这个娃娃怎么这么恐怖啊？！

嗡

嗡

给我醒醒！你不是羊！

哎哟！这是遇险时可以当作应急食物的书啦。

怎么可能？

这本急救指南总共有 41 页，里面介绍了人们在遇险时该如何获取水，如何维持体温，如何分辨方向等各种生存技能。

而这本书所用的纸张主要成分是淀粉，相当于两碗白米饭的热量呢。所以，当人们遭遇到非常状况时，这本书可以帮助人们短时间内维持生命。

EAT

由于这些生存知识在无人岛上非常有用，所以我们每吃一张指南之前，得先把指南上的内容记住。

嗯！实在是太神奇了。

哦嗨！这么好的东西你们就打算独享了？赶紧给我交出来！哈哈哈！

啊！赶紧逃跑啊！

呼……我都快要饿得前胸贴后背了。我得把它们全吃了。

吧唧吧唧

这是哪里飘来的臭味啊？

这丛林里该不会有臭鼬吧？

呜呜呜……这本书已经过了保质期！哎哟，我的肚子啊！

好想回家啊，好想我妈妈啊。

可以吃的书

在危急状况下可以用作应急食物的书起初是商家用于商业用途所开发的。这本可以吃的书里介绍了取水、点火等各种生存技能。书的纸张是由淀粉及对人体无害的天然颜料制成。一本书的总热量约为670卡路里，相当于两碗白米饭的热量。

生存科学小妙招

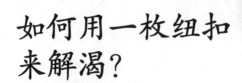

如何用一枚纽扣来解渴？

哈……哈……我的嗓子要冒烟了。

吮 吸

啊！罗奉九你这个没人性的家伙！你居然背着我一个人在吃糖？

喊，本来我还想再吸一会儿的……给，你也把它放嘴里舔一舔吧。

好恶心！纽扣？

口水

罗奉九你疯啦！你是不是渴得脑袋都坏了？这不是糖果啊！

啪嗒 啪嗒

喂！在饥渴难耐的时候，将纽扣放入嘴中吮吸可以促进唾沫的分泌，从而缓解饥渴好吗？

居……居然还有这个作用？

缓解饥渴的方法

人在缺水的状态下最好停止活动，在荫处休息。同时，还应该尽量减少食物的摄入，将食量控制在维持生命的程度。对于成人来说，饮酒会消耗更多的体液，所以这时千万不能喝酒。说话和用嘴巴呼吸也会造成水分的流失，所以尽量减少对话，并用鼻子呼吸。

生存科学小妙招

仅用一片小药片就能消毒 2L 的水吗？

啦啦啦！真是个愉快的郊游！

咚咚嗒！咚咚嗒！

救命啊！我是迷途的小鹿，我正在被猎人追捕。

啊！吓我一跳。

啪 啪

孩子们，你们有没有看到一只胖乎乎的小鹿啊？它好像往这边来了呢。

它往那边逃走了。

哈哈哈！我怎么可能抓不到你？！

如果您能加快速度，应该能追到它。

第二天

你是不是想让我们喝了那脏水然后谋害我们啊？你这只恶毒的小鹿！

你居然恩将仇报！

等一下！

你们还真是急性子呢。其实只需要这片小药片就能解决问题嘛！

咦，你的鹿角上怎么黏了片药片啊？

这种净水片可以有效消灭水中的细菌等微生物，去除悬浮物，

每片净水片可以消毒大约2L的水。将药片投入水中，就会出现很多小气泡，药片开始溶解在水中。

当水量较小时，还能将药片掰成几小瓣使用。

先将水用布过滤一遍之后，将净水片投入水中等待30分钟即可。

呜……这可真是名副其实的生命之水啊。

喝起来真像蜜一样甜。

好，既然喝完了水，我们就赶紧下山吧。我知道一条捷径。

太棒啦！

7小时后

还要走多久啊，小胖鹿？

呼噜——

咕噜噜

咕噜噜

哦呵呵呵……再……再走一小会儿……就……就能到了……

再次迷路的小鹿

哎哟！什么知恩图报，我管不了！

嗒嗒嗒

你这只忘恩负义的小鹿！

给污水消毒的净水剂

从野外取到的水，即使看上去很清澈，也一定要煮沸或者是净化之后再喝。净水片可以有效杀灭细菌等微生物。将药片投入水中，就会出现很多小气泡，药片开始溶解在水中，这时水里可能会出现消毒剂的味道。由于净化水质需要一定的时间，所以必须过30分钟左右再饮用，而且不要经常饮用。

生存科学小妙招

在没有锅的情况下如何烧水呢?

给，这半块面饼就是我们今天的食物。

啊！我再也不想吃这干巴巴的面饼啦！

你还真是饱汉不知饿汉饥呢！这块面饼可是我们所剩下的唯一一点儿食物了！

呜呜……好想喝麻辣爽口的泡面汤啊！

虽然可以用柴火来生火，可是我们没有煮泡面的锅啊……

啊！

然后再把用炭火烤热的石头放进水里，这样不停地反复，直到水沸腾。

哇！水开始沸腾了！

我们先在空木桩里倒上水……

哗啦啦……

咕嘟

咕嘟

哈哈！这可是很多野外求生者曾经使用过的方法呢。

哇！泡面煮好了。开吃吧！

叽

扑通

呕

呕

我不想活了。呜呜……

用塑料袋烧水

先将树枝围成一个半球形，然后将塑料袋套在中间，这样就形成了一个碗的形状。将塑料袋放入地上的坑里，就能变身成为一个储藏雨水的容器。将用篝火烤热的石头放入其中，可以使水沸腾。5块拳头大小的烤热的石块可以让1L的水立马升温至80℃。

生存科学小妙招

巧克力可以用来生火吗？

啊啊！这不是我们刚才路过的那棵树吗？

晕！原来我们一直在原地绕圈啊！

呜呜，怎么办啊？我们该不会永远都走不出去吧？

跌坐

太阳马上就要下山了。完蛋了。天马上就要黑了！

呜啊，我们完蛋了啦！

山里的秋夜和城市里的秋夜不同，山里的秋夜几乎和冬日一样冷呢！

我们很可能会因为低体温症而死亡！

我们先暂时停止寻找下山的路，今天晚上我们可能要在这里过夜了。

首先我们先点个篝火让身子活络活络。

可是我们没有火柴啊，该怎么生火呢？

呜呜！早知道就该带个放大镜来了……

小伙伴们，不用担心。

用这块巧克力和这个饮料瓶就能生火。

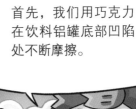

首先，我们用巧克力在饮料铝罐底部凹陷处不断摩擦。

沙沙

这个人是不是疯了，怎么说出来的话这么不正常啊？

完全没有！

然后再用手帕或者是纸巾反复摩擦饮料铝罐底部凹陷处。

直到铝罐底部锃光瓦亮

沙沙

可乐

现在,我们将容易点着的干树叶置于篝火堆上,然后用易拉罐的底部反射太阳光!

哗啦啦

这可是一周前《砰砰科学探险队》节目里出现过的内容呢!

啊,我想起来了。

吧嗒

用巧克力摩擦铝罐底部可以使铝罐底部更加光滑,被摩擦后的铝罐底部其实就充当了凹面镜的功能。当向里凹陷的凹面镜接触到太阳光直射时,凹面镜就将太阳光集中反射至一处,让该处成为焦点。

哇!实在是太神奇了。凹面镜居然还有这种功能呢!吧嗒……

焦点

在古希腊的雅典,奥林匹克圣火也是通过凹面镜反射的原理来采火 * 的。

* 采火:用凹面镜或者是凸透镜将太阳光线集中在一处取得火种的过程。

好了，在太阳下山前我们赶紧生火吧。

吧嗒

那个……这是我们最后一块巧克力了。

怎么会发生这样的事？

喷

喷

咚

我再去买点儿巧克力来不就行了吗？哼！

他在说什么？

缔造光泽的巧克力

要想让饮料铝罐底部能够充当凹面镜的功能聚集太阳能的话，首先应该把铝罐底部打磨光亮。巧克力可以起到让物体表面更加光滑的润滑剂的作用，所以，先用巧克力摩擦铝罐底部凹陷部分，然后再用纸巾反复打磨，就能让易拉罐底部光亮。除了巧克力，牙膏也能充当润滑剂的作用。

生存科学小妙招 159

用电池和口香糖纸来生火的原理是什么？

我们又遇险了。

这到底是第几次了啊？我俩应该算是这世上运气最糟的人了吧？

呼 呼 呼

蜷缩

蜷缩

呜呜！！爸爸，我害怕……

咦？没想到除了我们还有遇险者呢。

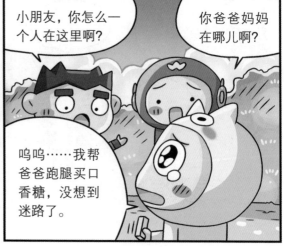

小朋友，你怎么一个人在这里啊？

你爸爸妈妈在哪儿啊？

呜呜……我帮爸爸跑腿买口香糖，没想到迷路了。

我们今天估计得在这儿过夜了。在迷路的情况下草率行动很可能会出大事呢。

没错，况且现在还带着个小孩。

太阳快要落山了，天气也越来越冷。我们得先点个篝火了。

我们先去找些能够生火的树枝来。

咦，这是什么?

像这样背靠着巨石，在篝火前设置一道反射膜的话，可以防止热量分散，让热量全都集中在我们周围。

而通过巨石所反射的热量则能够维持住我们的体温。

反射膜

哎哟，好冷啊!哥哥，你们赶紧点火吧。

是啊，旺仔，你赶紧把火柴拿出来。

嗯哈哈哈!

可是我忘记带火柴了!我也没办法了。

吭当

生存科学小妙招

已经不是一两次了，每次都忘记带这带那的家伙居然还敢给我卖萌！

哼！即使没有火柴我也能点火！小朋友，借你的口香糖给我用一下。

啊！这是我爸爸的口香糖！

首先，将口香糖纸小心地剥下来……

然后再努力地嚼一嚼口香糖。啊，真甜啊。

刚才还在吹牛说会生火，现在怎么光嚼口香糖啊？

我爸爸可是很吓人的哦！呜呜！

喊，你们都不要着急嘛。我们先把口香糖纸小心地一分为二。

先将半张口香糖纸剪成下面的形状。

然后再在剩下的半张口香糖纸上放上手电筒里的两节电池。两节电池的正负极顺序相反。

接着将刚才剪好的口香糖纸带有锡箔纸的一面置于电池顶端。这样，口香糖纸中间连接的部分就会起火啦。

－极　＋极

哗啦

哇哦！简直是太神奇了！

用电池点火

遇险时，手电筒里的电池可以起到生火的作用。越是容量大的新电池越能迅速地点火。即使只有一节电池也同样可以点火。只要将剪裁后的口香糖纸带有锡箔纸的一面连接电池的正负极，口香糖纸中间连接的部分就会起火。但需要注意的是，如果连接部分过于宽厚的话，则不容易起火。

生存科学小妙招

可以用冰块来
生火吗？

啊！怎么会
这样？！

呼呼呼

我们又遇险了吗？
太不像话了！

所以我刚才才
提议走那条路
的啊！

你能保证那条
路就一定是正
确的路吗？

争吵 争吵

唉……吵完一架后
刚刚吃下去的面包
全都消化掉了。

人在遇险时过
度消耗体力可
不 行 啊 ……
唉……

啊！这寒风也太刺骨了吧！

这样下去我们会冻死的！

呼 呼 呼

我们之前都遇过那么多次险了，你居然还没长记性，连根火柴都不带吗？

真是笑话！那你呢，你又带了什么？

露营菜鸟居然就敢在寒冬里来登山，我们也太鲁莽了。

哎哟……奉九啊，你快看那冰块。我们会不会也像那样冻成冰块啊？

啊，对了！

我们可以生火了！

什么？可是我们连火柴都没有啊！

我们可以用这个冰块来生火啊！啦啦啦！

天哪！奉九是不是受刺激了，感觉他已经精神不正常了。

无论再怎么害怕也不能疯啊。罗奉九！呜呜！！

我不会害你啦，你过来！

必须得找一块透明的冰块。这样阳光才能穿透冰块。

接着我们用刀或者是锯子将冰块切成凸透镜形状。在使用刀和锯子的时候一定要小心哦。

然后再用小刀或者是石头打磨冰块表面。

再利用手的温度让冰块表面变得光滑。

咔嚓

咔嚓

看，奉九牌凸透镜完成！

就像是凸透镜能够聚集太阳光点燃火把一样，用冰块制成的凸透镜也同样可以用来生火。

在太阳当头时用冰块聚集太阳光，使太阳光聚集在篝火堆中，从而点燃篝火。

太阳光　凸透镜　焦点

用镜片生火

在各种生火的方法中，相对简单的一种就是用直射光线和透镜来生火。用冰块来生火其实也是利用了这个原理。放大镜、照相机镜片、望远镜镜片等都能用来点火。此外，玻璃瓶或透明的塑料瓶也能用作镜片来生火。风停了之后，使太阳光穿透凸透镜片，使太阳光聚集在篝火堆中，这样就能点燃篝火了。

如何用报纸和纸巾来制造毯子？

冷……冷死我了……我都快要冻死了。

奉九啊，别担心。我们还有报纸呢，哈哈哈！

亮出

小松新闻

这薄薄的报纸怎么可能抵挡得住冬日的严寒啊？你是在开玩笑吗？

啊！罗奉九你冷静点！

报纸

由于报纸的纸张非常细密，所以可以抵挡住大风，起到保温的效果。

暖空气

哇，还真挺暖和的！

而将卷筒纸缠绕在身上，也可以像报纸一样起到挡风保温的效果。

真的吗？

啊啊！是……是怪物啊！

咕噜噜

小松新闻

昨日山中惊现木乃伊！

目前还没查清木乃伊真身……

维持体温的衣服

通常情况下，在山中露营时应该穿上保暖防风的衣服。不过，在注意保暖防风的同时，还应该注意衣服的透气性。雨衣虽然能挡雨，但也会导致体内热气和湿气无法排出，所以露营时最好不要长时间穿。在外套里多穿几层薄薄的衣服，既能挡风保暖，也能保持衣服的透气性，能够有效维持体温。

如何用裤子来制造救生圈？

变身！

唉……这都 3 个小时了。难道鱼儿们都出去郊游了？

本来还想着能喝上一口麻辣爽口的辣鱼汤呢，现在都快饿死了。

咕噜噜

救命啊！

咦？

救……救命啊！救救我啊！

啊啊！有人掉水里了！

噗啊

噗啊

你再等等，我这就下去救你。喀！

等一下！即使你水性再好也不能直接下去救人！

拉住

落水的人会在慌乱中死抓住救援的人不放，这样很可能导致去援救的人一起溺水身亡！

那……那该怎么办啊？我们也不能就这么看着吧？

可以将几个空塑料瓶放入轻便的包里扔入水中当作救生圈。

嗖

可是我们既没有包，又只有两个塑料瓶啊……

首先将塑料瓶装入 $\frac{1}{3}$ 的水，盖紧盖子。

接住这个！

装了水的塑料瓶就不会受风力的影响，直接飞向目标地带。

嗖

如果落水的是个成人，绑两个以上的塑料瓶效果更佳。

生存科学小妙招

呼呼!

万岁!他终于得救了!

你能不能把你的裤子洗洗啊!

臭气

这……这是一个我再也不想碰的救生圈……

熏天

救命……啊!

可乐

都说了只能装 $\frac{1}{3}$ 的水了!

啪

溺水者的营救方法

草率地直接跳入水里救人是非常危险的方法之一。最好的办法是丢入例如大水桶、冰桶、凉席等能够漂浮在水面上的物体。还可以用几个还没拆封的大膨化食品袋捆在一起丢入水中。由于食品袋里充入了氮气，所以膨化食品袋也能起到救生圈的作用。

什么是生命吸管？

呼……呼……喉……喉咙好像要烧起来了。

因为这三天来连一口水都没喝着啊……

据说正常人的身体一天要消耗大约 2L 的水……

嗯，据说就算只是坐着呼吸其他什么都不干，一天也得消耗 1L 的水分。

万一今天也找不到水源的话……

说不定我们会像木乃伊一样风干得皱巴巴的，然后死掉，呜呜！！

不要啊！我还有好多事没完成啊！

嗑

这个是在由于发生了自然灾害或者净水设施不完善导致水源受到污染的国家或内陆地区，专门使用的生命吸管。

生命吸管?

呼呼

呼呼

就是能把受污染的水变干净的便携式净水器呀!

真是个神奇的东西!

进一步净化水的"活性炭"。

杀死细菌和病菌的"碘滤层"。

作为净水器的第一道过滤装置，把水中的杂质过滤掉的过滤网。

这可是野外求生专家们到户外旅行的必需品哦。

可是这水看起来还是有点儿……

看来你们是还不够渴啊。

不然你们就用净水器来喝我从家里带来的这盆水吧。

哇哦，这盆水看起来会好一些……

呼呼

哕! 这水什么味啊!

净水器完全没效果嘛! 太难喝了!

便携式净水器——生命吸管

饮用不干净的水会引发多种疾病，如霍乱、痢疾等。生命吸管可以从本质上解决户外安全饮水的问题，保证饮水人的健康。使用生命吸管来喝水，几乎能把有害的病菌都过滤掉。一根生命吸管可以净化一个人一年所需要饮用的约 1500L 的水。

生存科学小妙招

生存工具包和生存百宝箱

愉快的露营途中发生了意想不到的突发状况！这时就需要能够保护我和家人生命的生存工具包和生存百宝箱了。

★ 生存专家的必需品——生存百宝箱

"生存专家"是指那些即使遇到了险情，也能顽强活下来的人。目前，全世界生存专家的数量正在逐渐增多。

生存百宝箱里包含了人类遇险时所需要的各种最基本的工具。

人们可以根据自己的需要任意组合适合自己的生存百宝箱。平时一定要事先掌握好各种工具的使用方法。

铁皮盒

盒身可以装水、吃饭等，盒盖可以用来反射阳光，发出求救信号。

绝缘胶带

用于电线连接，防止漏电，起绝缘作用的胶带。

救生毯

帮助抵挡阳光，抵御寒冷。铝膜救生毯还可以反光，发出求救信号。

火柴和打火机

维持体温或料理食材需要点火时，需要散发烟雾放出求救信号时的必需品。此外，还能用于消毒各类应急工具。

净水片

在户外无法烧水的情况下可以起到杀菌消毒、净化水质作用的净水片。

指南针和地图

手机没信号、导航失灵时极其有用。

棉花

可以作为应急火绒。

应急绳

手摇收音机

利用机械能转化为化学能，将电储存在可充电的锂电池里。

蜡烛

鱼绳和鱼钩

求生哨

手电筒

盐

缺乏盐分时用。

多功能刀

安全别针

生存工具包中一定得有生存百宝箱和应急食物，水和急救药物。最好出行的人人手一个生存工具包。

★ 生存工具包中一定要有的东西

矿泉水

每个人都必须带足够喝3天的水。

应急食品

选择一些保质期长，便于携带或料理的食物。单位重量中能提供高热量高卡路里的食物也是不错的选择。

巧克力

饼干

砂糖

矿泉水

急救药箱

有像游戏一样有趣的学习方法吗？

学习激素是什么？智商最高的人是谁？克隆人的想法会与他的原型一样吗？对于这些问题，你是不是感到好奇？《儿童百问百答 46 科学的学习方法》为你一一解答。